DIE KRISTALLGRUPPEN

NEBST IHREN BEZIEHUNGEN ZU DEN RAUMGITTERN

VON

DR. E. SOMMERFELDT

PROFESSOR DER MINERALOGIE AN DER UNIVERSITÄT TÜBINGEN

MIT 14 STEREOSKOP-AUFNAHMEN UND 50 FIGUREN

DRESDEN 1911

VERLAG VON THEODOR STEINKOPFF

ISBN 978-3-642-49418-5   ISBN 978-3-642-49697-4 (eBook)
DOI 10.1007/978-3-642-49697-4

VORWORT.

Die bisherigen Lehrbücher der Kristallographie benutzen schwierigere mathematische Hilfsmittel, als unbedingt erforderlich sind; die Sohnckeschen Punktsysteme verdienen zwar als die allgemeinsten Fälle der zur Erklärung der Kristallgruppen geeigneten Modelle hohes mathematisches Interesse, das vorliegende Buch will jedoch zeigen, wie der viel einfachere Begriff des *Raumgitters* schon dazu dienen kann, die physikalischen Eigenschaften der Kristalle ebensogut zu erklären, wie die komplizierten Sohnckeschen Punktsysteme. Man braucht lediglich die früher mit dem Begriff der Raumgitter meistens verbundene Vorstellung der Parallelität aller Bausteine fallen zu lassen und die Fälle der nur teilweisen Parallelität systematisch zu verfolgen.

Dadurch entsteht der große Vorteil, daß jeder Leser sich mit Leichtigkeit die Eigenschaften der Kristallstrukturen mit Hilfe einiger Stricknadeln und Wachskügelchen oder dergl. klar machen kann, während die Sohnckeschen Modelle derart kompliziert sind, daß nur die wenigsten Universitäten sie besitzen. Um die Anschaulichkeit noch mehr zu erhöhen, sind stereoskopische Abbildungen von den Bravaisschen Raumgittern beigefügt, deren photographische Aufnahme nach Modellen der Münchener Universität Herr Geheimrat P. von Groth mir freundlichst gestattete.

Eine weitere Vereinfachung ließ sich durch die Bezugnahme auf den Begriff der dichtesten Kugelpackungen erzielen, der bisher zwar in manchen englischen aber bisher meines Wissens nicht in deutschen Lehrbüchern der Kristallographie gebührend berücksichtigt ist. Der hohe didaktische Wert dieser Vorstellung erscheint mir fraglos.

Möge das Buch dazu dienen, auch in den nichtmathemathisch vorgebildeten Kreisen Freunde für die moderne Kristallographie zu werben. Nicht nur dem Chemiker, sondern auch dem Botaniker und Zoologen sollten die Grundbegriffe der Strukturlehre in Verbindung mit den Haupteigenschaften der Kristallpolyëder ein wenig bekannt sein, aber es existierte bisher kein Buch, in welchem beides in einheitlichem Zusammenhang kurz behandelt wird.

Der rührigen Verlagsbuchhandlung von Theodor Steinkopff spreche ich für rasche Drucklegung des Buches sowie für ihr auch in jeder anderen Hinsicht bewiesenes Entgegenkommen meinen besten Dank aus.

Aachen, November 1910.

E. Sommerfeldt.

INHALTS-ÜBERSICHT.

Teil II.

Die teilflächigen Kristallgruppen.

Einleitung.

Grundbegriffe der allgemeinen Kristallbeschreibung

Die Einteilung der Kristalle erfolgt nach ihrer Symmetrie, und zwar nennt man einen Körper symmetrisch, wenn man ihn in mindestens zwei gleichwertige Teile zerlegen kann (z. B. den menschlichen Körper in eine rechte und linke Hälfte); es gibt bei Kristallen 32 verschiedene Arten von Symmetrie, die sich auf die im Folgenden besprochenen sechs Hauptklassen — auf die sogenannten Kristallsysteme verteilen lassen. Für die einzelnen Unterfälle eines Systems werden die Koordinatenachsen in übereinstimmender Weise gelegt; hingegen hat jedes System sein charakteristisches „Achsenkreuz". Hierunter versteht man Koordinatenachsen, auf welche die Einheiten, mit welchen längs den Achsen gemessen wird, aufgetragen sind; diese Einheiten sind in den niedriger symmetrischen Systemen sämtlich voneinander verschieden und werden nur da, wo es infolge hoher Symmetrie notwendig ist, einander gleichgesetzt.

1. Die Achsenkreuze.

I. Reguläres System, es enthält 5 der 32 Fälle; in ihm werden die Kristalle auf drei paarweise zueinander senkrechte gleichlange Achsen bezogen, deren erste (a) von vorn nach hinten, deren zweite (b) von rechts nach links, deren dritte (c) von oben nach unten gestellt werden kann. Die 6 Endpunkte der Achsen können als Schwerpunkte von den 6 Flächen eines Würfels aufgefaßt werden (daher „kubisches System"). Diese Achsen sind in allen 5 Fällen Symmetrieachsen, und zwar in zwei Fällen vierzählige, d. h. es läßt sich der Kristall in vier gleichwertige Teile um sie als Schnittkante herum zerlegen, so daß bei Drehung vom Betrag 90 ^{0} um jene Achsen sich die vier gleichwertigen Teile vertauschen; in den drei anderen Fällen sind die Achsen a, b, c gleichwertige zweizählige Symmetrieachsen. Die einfachste reguläre Form ist der Würfel.

II. Tetragonales (oder quadratisches) **System,** es enthält 7 der 32 Fälle; in ihm werden die Kristalle ebenfalls auf ein Achsenkreuz von drei paarweise zueinander senkrechten Achsen bezogen, von denen jedoch nur zwei zueinander gleichwertig, d. h. gleichlang sind, während die dritte entweder länger oder kürzer als jene, also ihnen ungleichwertig ist. Man pflegt die beiden gleichwertigen Achsen horizontal, die dritte vertikal zu stellen. Diese vertikale Achse ist in allen Fällen Symmetrieachse, und zwar in fünf Fällen vierzählige, in den zwei übrigen zweizählige Symmetrieachse (vgl. Teil II). Die 4 Endpunkte der 2 horizontalen Achsen können als Eckpunkte eines Quadrats aufgefaßt werden, daher „quadratisches System". Symmetrieachsen sind aber nicht nur diese Eckendurchmesser des Quadrats, sondern auch die kanthalbierenden Durchmesser des Quadrats — die man auch „Zwischenachsen" nennt; d. h. ein Quadrat läßt sich durch Drehung um 180 ^{0} in seine Anfangslage zurückführen, sowohl wenn diese Drehung um einen Eckendurchmesser erfolgt, als auch wenn sie um die Verbindungslinie zweier gegenüberliegenden Kantenmitten erfolgt.

III. Hexagonales System mit den bisweilen auch als eigenes System abgesonderten trigonalen oder rhomboëdrischen[1]) Unterfällen. Das hexagonale System enthält 12 der 32 Fälle, in ihm werden die Kristalle auf drei horizontale, gleichlange Achsen, die im Winkelabstand von 60 ^{0} aufeinander folgen und eine vertikale, ungleichwertige Achse bezogen. Die vertikale Achse ist bei den im engeren Sinn hexagonalen Fällen sechszählige Symmetrieachse, in den trigonalen Fällen dreizählige Symmetrieachse. Die Endpunkte der genannten horizontalen Koordinatenachsen bilden ein regelmäßiges Sechseck, daher „hexagonales System"; jedoch ist es in den trigonalen Fällen einfacher nur die Endpunkte der positiven Halbachsen miteinander zu verbinden, es entsteht dann ein gleichseitiges Dreieck, so daß die trigonalen Fälle mit dieser Figur in Zusammenhang gebracht werden.

IV. Rhombisches System, es enthält drei der 32 möglichen Fälle; in ihm werden die Kristalle (ebenso wie im regulären und tetragonalen System) auf ein Koordinatenkreuz von drei aufeinander senkrechten Achsen bezogen, jedoch sind diese Achsen sämtlich ungleichwertig, die Achsenlängen (a, b, c) also stets voneinander verschieden. Verbindet man die 4 Endpunkte von irgend zwei der drei Achsen mit-

---

[1]) Rechnet man die rhomboëdrischen Abteilungen dem hexagonalen System zu, so heißt ihre höchst symmetrische Gruppe „rhomboëdrische Hemiëdrie". Dieselbe Gruppe kann man als oberste Gruppe des trigonalen Systems auffassen (Kap. I).

einander, so erhält man einen Rhombus, wodurch sich der Name „rhombisches System" erklärt. Um in Analogie mit den früheren Systemen zu bleiben, konstruiere man den Rhombus in der horizontalen Ebene.

V. Monoklines System, es enthält drei der 32 möglichen Fälle; in ihm werden die Kristalle auf drei Koordinatenachsen bezogen, von denen die eine, die „Orthoachse" (man stellt sie von rechts nach links), auf den beiden anderen senkrecht steht. Man pflegt von diesen die eine vertikal zu orientieren und kann die andere (Klinoachse) alsdann wenigstens noch in die von vorn nach hinten verlaufende Ebene stellen. Hingegen verläuft die Klinoachse niemals genau senkrecht zur Vertikalachse, da dieses ja auf den schon behandelten rhombischen Fall zurückführen würde. Die Längen der drei Achsen sind sämtlich voneinander verschieden. Die Orthoachse ist in zwei von den drei Fällen zweizählige Symmetrieachse, im dritten („hemiëdrischen") Fall besteht die Symmetrie nur darin, daß die Verbindungsebene von Vertikal- und Klinoachse Symmetrieebene ist, d. h. ein Schnitt längs dieser Ebene zerteilt den Kristall in zwei gleichwertige Hälften. Diese Symmetrieebene kommt bei einem der beiden ersten Fälle, dem sogenannten holoëdrischen, noch zur Symmetrieachse hinzu, im zweiten, dem hemimorphen Fall, fehlen Symmetrieebenen.

VI. Triklines System, es enthält zwei der 32 möglichen Fälle; in ihm werden die Kristalle auf drei beliebig schief zueinander gelegene Achsen bezogen, deren Längen auch miteinander ungleich sind, so daß fünf Bestimmungsstücke in Betracht kommen, nämlich die drei Winkel zwischen den Achsen und die Verhältnisse der drei Achsen, die sich durch zwei Zahlen ausdrücken lassen, wobei man die absolute Länge der mittleren (b-) Achse als Längeneinheit wählt. In ihm existieren weder Symmetrieebenen, noch Symmetrieachsen; die beiden Fälle aber — der holoëdrische und hemiëdrische — unterscheiden sich dadurch, daß letzterer gänzlich der Symmetrie ermangelt, während im holoëdrischen die Symmetrie darin besteht, daß Richtung und Gegenrichtung sowie Fläche und Gegenfläche stets gleichwertig sind, diese Bedingung heißt Symmetriezentrum. Auch in den anderen Systemen kommt vielfach das Symmetriezentrum zu den sonstigen Symmetrieelementen hinzu.

2. Bezeichnung der Flächen durch Indices.

Zunächst führen wir diese Symbole, die sogenannten „Millerschen Indices", für das reguläre System ein. Jede Fläche wird durch drei

Indices bezeichnet, welche sich auf die drei Achsenebenen beziehen und zwar bezeichnet man (Fig. 1) die Verbindungsebene der b- und c-Achse als erste Achsenebene, die Verbindungsebene der c- und a-Achse als zweite Achsenebene, die Verbindungsebene der a- und b-Achse als dritte Achsenebene und schreibt die Indices stets in der Reihenfolge dieser Achsenebenen. Wenn nun z. B. auf einer zur a- und b-Achse parallelen Würfelfläche ein beliebiges Flächenstück I markiert sei (Fig. 1), dessen Größe am einfachsten der Flächeneinheit gleich sei, und projicieren wir dasselbe vertikal auf die drei Achsenebenen, so ergibt I′ in der a-b-Ebene die volle Größe des Flächenstücks wieder, während in der c-a-Ebene sowie in der a-b-Ebene nur eine Kante, also der Flächeninhalt null entsteht (für die c-a-Ebene gezeichnet). Diese drei Flächeninhalte aber wählen wir als Indices der Fläche und erhalten folglich die Zahlen 0, 0, 1 als Indices. Die Gegenfläche würde analog die Indices 0, 0, —1 enthalten. Die anderen Würfelflächen erhalten entsprechend die Symbole 0, 1, 0 (Gegenfläche 0, —1, 0), 1, 0, 0 (Gegenfläche —1, 0, 0). Eine Fläche, welche die a- und b-Achse in gleichen Abschnitten schneidet, der c-Achse aber parallel ist, erhält das Symbol 1, 1, 0 usw. Allgemein bezeichnet man im regulären System als Indices einer Fläche die Verhältnisse der vertikalen Projektionen eines beliebigen in ihr angenommenen Flächenstückes auf die drei Achsenebenen. Beim Übergang vom regulären zum tetragonalen und rhombischen System ist nur zu beobachten, daß längs der drei Achsen stets mit den Achseneinheiten als Maßstäben gemessen wird, dabei wird z. B. durch die Indices 1, 1, 0 diejenige Fläche dargestellt, welche auf der Achse a und b die Achseneinheiten abschneidet und der c-Achse parallel läuft. Mit den Symbolen 1, 1, 1 wird diejenige

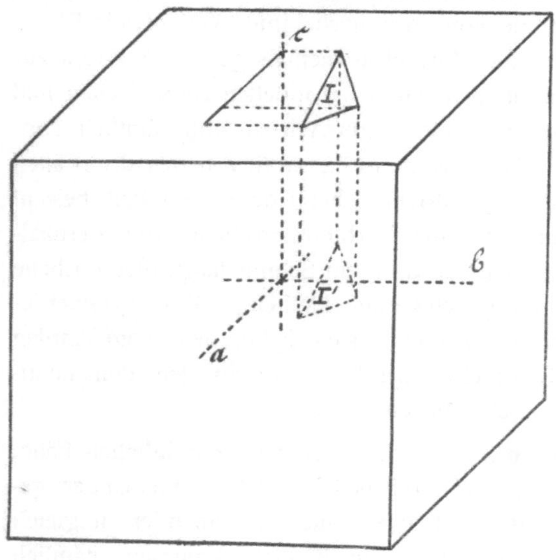

Fig. 1.

Indices der Würfelflächen.

Fläche, welche auf den drei Achsen die Achseneinheiten abschneidet, bezeichnet.[1]) Im monoklinen und triklinen System tritt an Stelle der senkrechten Projektion eine längs den Koordinatenachsen erfolgende, im übrigen sind die Indices der einfachsten Flächen ganz analog wie die vorigen durch ihre Lage in bezug auf das Achsenkreuz bestimmt.

Im hexagonalen System ist es anschaulicher, an Stelle der Projektionen, die in der Anmerkung entwickelte Definition der Indices zu benutzen und also die Quotienten „Achseneinheiten durch Achsenabschnitte" als Indices zu definieren. Da die drei horizontalen Achsen a, b, b' gleichwertig sind, schreibt man die Indices für alle drei in ihrer Reihenfolge an, an vierte Stelle kommt die Vertikalachse c. Es besteht (zum Beweise vergleiche man die ausführlichen Bücher der Kristallographie[2]) zwischen diesen Indices nach Bravais die einfache Beziehung, daß ihre Summe gleich null ist, falls als positive Halbstrahlen der Achsen drei solche gelten, welche

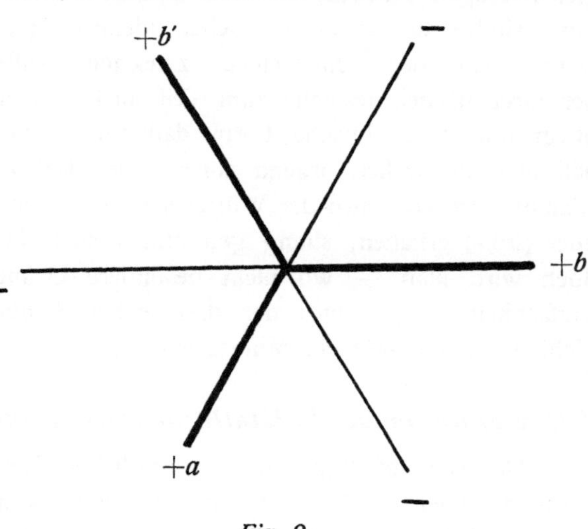

Fig. 2.
Horizontale Achsen des hexagonalen Systems.

in Winkelabständen von 120⁰ aufeinander folgen. Eine Fläche, welche vertikal verläuft, in der Horizontalebene die erste Achse in 1, die dritte in —1 schneidet und zur zweiten Achse parallel läuft, erhält die Indices 1, 0, —1, 0 (vergl. Fig. 2). Meist wird, um Platz zu sparen, das Minuszeichen nicht vor, sondern über die Zahl gesetzt, auf welche

---

[1]) Eine Fläche, welche das m-fache der Achseneinheit auf der c-Achse abschneidet, auf der a- und b-Achse hingegen die Achseneinheiten selbst abschneidet, erlangt die Indices m, m, 1, wofür wir, da es nur auf das Verhältnis dieser Zahlen ankommt, auch 1, 1, 1/m schreiben können. Wenn ein Achsenabschnitt einer Fläche wächst, so verkleinert also der gleichstellige Index sich im gleichen Verhältnis, so daß die Indices definiert werden können als drei Zahlen, die sich verhalten wie die Quotienten aus den Achseneinheiten und Achsenabschnitten der Fläche.

[2]) Oder z. B. auch G. Tschermak, Lehrb. d. Mineralogie, 6. Aufl., 1905, S. 63.

es sich bezieht, diese Abkürzung ist beim Schreiben der kristallographischen Indices allgemein üblich.

3. Einfache Formen und ihre Bezeichnung durch Symbole.

Als einfache Form bezeichnet man die aus einer einzigen Ausgangsfläche durch die Symmetrie der betreffenden Kristallabteilung erzeugbare Flächenmenge; man hat also die Drehungen und Spiegelungen, welche jener Kristallabteilung zukommen, auf die Ausgangsfläche anzuwenden. Die Umgrenzung einer einfachen Form besteht aus lauter gleichwertigen Flächen, die von den Kristallkanten gebildeten Polygone sind daher in allen Flächen identisch (d. h. kongruent, oder, wenn man den Unterschied zwischen Außen- und Innenseite der Grenzflächen festhält, zum Teil auch nur spiegelbildlich). Man pflegt nun eine einfache Form dadurch symbolisch zu bezeichnen, daß man die Indices irgend einer ihrer Flächen in eine geschweifte Klammer schreibt, also der Würfel kann das Symbol $\{100\}$ oder $\{010\}$ oder $\{001\}$ erhalten, streng genommen auch $\{\bar{1}00\}$, $\{0\bar{1}0\}$, $\{00\bar{1}\}$, doch wird man — wo nicht besondere Gründe vorliegen — der Einfachheit wegen eines der drei ersten Symbole bevorzugen, um nicht unnötigerweise ein Minuszeichen zu schreiben.

4. Beziehungen der Kristalle zu den regelmäßigen Körpern.[1])

Die Mannigfaltigkeit der erforderlichen Formen kann man unter einem allgemeinen Gesichtspunkt betrachten, wenn man an die regelmäßigen Polygone denkt, die wir mit den Achsenkreuzen verbanden, also an das regelmäßige Sechseck, Quadrat, Dreieck, den Rhombus, ferner im regulären System an den Würfel, während im monoklinen und triklinen System die Arten von Formen so gering und diese selbst so einfach sind, daß derartige Hilfskörper überflüssig sind.

Aus den regelmäßigen Körpern kann man die einfachen Kristallformen, wie im Kapitel I näher ausgeführt, durch ein längs der Symmetrielinien zu vollziehendes „Brechen" ableiten. Hierdurch geht man von der spezialisierten Lage, welche die regelmäßigen Figuren im Vergleich zum Achsenkreuz einnehmen, zu der allgemeinsten Lage über, in welcher alle Achsen in ungleichen und beliebigen Abschnitten geschnitten werden.

---

[1]) Auch die regelmäßigen Polygone rechnen wir den Körpern zu, indem wir je eine dehnbare Haut auf der Ober- und Unterseite denken und diese so zusammenziehen, daß der Raum 0 umgrenzt wird.

Ferner läßt sich der Unterschied der vollflächigen (holoëdrischen) und teilflächigen (meroëdrischen) Fälle mittels der regelmäßigen Körper gut erläutern.

5. Holoëdrische und teilflächige Symmetrie.

Diejenigen Fälle, in welchen die volle Symmetrie des mit dem Achsenkreuz verbundenen regelmäßigen Körpers auch auf die Kristalle übertragen wird, heißen holoëdrisch. Wenn hingegen nur ein Teil von der Symmetrie dieses regelmäßigen Körpers benutzt wird, so tritt der „teilflächige Fall" ein. Als besonders merkwürdiger teilflächiger Fall sei folgender schon hier beschrieben. Auf der oberen Flächenseite eines horizontalen Quadrates (vergl. die spätere Figur 11 für die gleiche Konstruktion beim Rhombus) verbinden wir zwei gegenüberliegende Kantenmitten 1 u. 2, auf seiner unteren Flächenseite ziehen wir die auf jener senkrechten Verbindungslinie 34 des anderen Paares gegenüberliegenden Kantenmitten. Die so auf der Oberseite gezogene Hilfslinie ziehen wir vertikal nach oben, die auf der Unterseite gezogene im gleichen Betrage vertikal nach unten und ersetzen so die Quadratfläche (die wir mit einer dehnbaren Haut auf der Oberseite und einer anderen auf der Unterseite versehen denken) durch einen Doppelkeil (Doppelsphenoid). Die beiden Keile durchdringen sich in vier gleichlangen auf- und absteigenden Kanten, in welche die ursprünglichen Quadratlinien umgewandelt erscheinen. Der Körper besitzt zwar geringere Symmetrie als das Quadrat besitzt, aber wandelt sich doch in ein Quadrat wieder um, sobald die vertikale Dimension verschwindend klein wird. In ähnlicher Weise hat man den Würfel als verschieden zu bezeichnen, je nachdem er als spezieller Fall von holoëdrischen oder teilflächigen abgeleiteten Formen sich erweist.

6. Gewendete Formen.

Für die nähere Einteilung der Symmetrie ist die Unterscheidung von Drehungssymmetrie und spiegelbildlicher (inverser) Symmetrie von Wichtigkeit. Die Drehungssymmetrie bezieht sich stets auf Achsen; wenn z. B. bei einer vollen Umdrehung sechsmal die Anfangsstellung wiederkehrt, so nennt man die Drehungsachse eine „sechszählige Symmetrieachse".

Unter den Fällen der Spiegelungssymmetrie ist die Symmetrie in bezug auf eine Ebene besonders wichtig, welche den Körper in zwei spiegelbildlich gelegene Hälften zerlegt, doch sind auch Fälle möglich, in denen die Hälften zwar spiegelbildlich beschaffen, aber

nicht unmittelbar spiegelbildlich in bezug auf die Schnittebene gelegen
sind (z. B. das Doppelsphenoid des vorigen Abschnitts, wenn wir es
längs seiner quadratischen Mittelfigur zerschneiden); in solchen Fällen
spricht man gelegentlich von „zusammengesetzt inverser Symmetrie".

Man bezeichnet nun Polyëder, welche sich mit ihrem Spiegelbild auf keinerlei Weise durch Bewegung zur Deckung bringen lassen
als „gewendet" oder „enantiomoph". Solche Polyëder können nur
Drehungssymmetrie, aber keinerlei inverse Symmetrie besitzen, da ja
andernfalls im Polyëder selbst schon die spiegelbildliche Hälfte vorhanden wäre, und folglich das Polyëder mit seinem Spiegelbild identisch sein müßte.

7. Gitterförmige Kristallstrukturen.

Die Strukturtheorie stellt die Frage, wie die einzelnen Formelemente im Raum sich zu gruppieren haben, um einen Kristall zu
bilden. Als Grundan-
nahme gilt die, daß die
Formelemente über-
einstimmend gestaltet
und auch hinsichtlich
ihrer räumlichen Lage-
rung einander gleich-
wertig sind. Letzteres
heißt, daß ein belie-
big herausgegriffenes
Formelement in bezug
auf seine Nachbarn
ebenso orientiert ist,
wie irgend ein belie-
biges anderes in be-
zug auf seine eigenen
Nachbarn. Diese Be-
dingung (das Wiener-
sche Prinzip) ist nicht

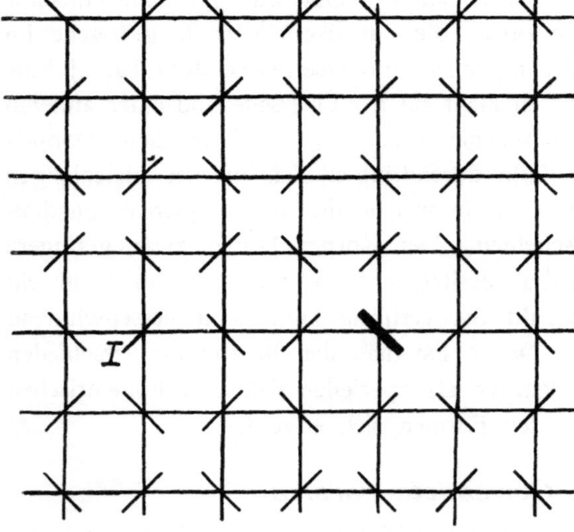

Fig. 3.

Ebenes Gitter mit alternierend parallelen
Elementen.

etwa nur bei paralleler Lage der Formelemente erfüllt, sondern wir erläutern an Fig. 3, was bei nicht durchweg parararalleler Lage der Formelemente mit dem Wiener schen Prinzip gemeint ist: Die Formelemente
sind in den Ecken eines quadratischen Gitters in der Zeichnungsebene
angenommen und durch kleine Striche dargestellt. Die Striche sind
einander nicht sämtlich parallel, sondern nur alternierend parallel.

Betrachten wir den Strich I und das dick gezeichnete Stäbchen als die herausgegriffenen Formelemente, welche wir miteinander vergleichen, so sind diese zwar nicht parallel, aber dennoch bilden die benachbarten Striche untereinander und mit I verbunden ein Liniensystem, welches kongruent ist dem um das dicke Stäbchen entsprechend konstruierten [1]). Folglich ist das Wienersche Prinzip erfüllt. Es braucht zwar die Anordnung solcher Punkte oder Stäbchen, welche das Prinzip erfüllen, keineswegs gitterartig zu sein, notwendig ist jedoch stets, daß der Raum resp. die Ebene, welche zur Verfügung steht, unbegrenzt gedacht wird, denn ein Punkt, welcher nahe einer für die Materie existierenden Grenzfläche angenommen wird, kann niemals einem im Inneren des materiellen Raums herausgegriffenen Punkt gleichwertig im obigen Sinne sein. Jedoch sind die Gitter besonders einfache Fälle für gleichwertige Punktmengen, und in diesem Buch werden wir keine anderen Punktmengen, außer Gittern, in Betracht ziehen.

Der Vorstellung des unbegrenzt gedachten materiellen Raums genügen wir naturwissenschaftlich dadurch, daß wir zwar jeden noch so großen Kristall als ein begrenztes Gebilde betrachten, aber ihm dennoch die Fähigkeit zuschreiben müssen, vermöge der Kristallisationskräfte noch weiter anzuwachsen, so daß ein Unterschied zwischen zentralen und peripherischen Partien des Kristalls für diejenigen Kräfte, welche seine Formelemente zusammengruppieren, ausgeschlossen ist.

Zugleich ersehen wir aus Fig. 3, daß einer Symmetrieachse des Kristallpolyëders unendlich viele parallele Symmetrieachsen der Struktur entsprechen, denn durch jede Quadratmitte geht eine solche, und daß bei den Strukturen außer denjenigen Operationen, welche für die Symmetrie der Polyëder in Betracht kamen (d. h. außer Drehungen und Spiegelungen) noch die Parallelverschiebungen zu berücksichtigen sind, welche z. B. aus einer vierzähligen Symmetrieachse unendlich viele derselben — wie sie ja in der Struktur vorhanden sind — erzeugen. Ebenso wird jede Fläche eines Kristalls durch eine Schar unendlich vieler paralleler Flächen, oder genauer gesagt: Netzebenen, im Raumgitter dargestellt.

Es ergaben sich zwei Hauptklassen von Gittern: 1. solche, die mit parallelen Formelementen besetzt sind; 2. solche, die mit teilweise verschieden orientierten Formelementen besetzt sind. Parallele Formelemente sind zur Erklärung der holoëdrischen Kristalle am einfachsten

---

[1]) Dem Quadrat links unten vom Stäbchen I aus entspricht das Quadrat links oben vom dicken Stäbchen, dem Quadrat links oben vom Stäbchen I entspricht das Quadrat rechts oben vom anderen u. s. w.

und am besten geeignet, hingegen genügen derartige Gitter nicht zur Erklärung der teilflächigen Kristalle; jedoch kommt man mit der zweiten Klasse für diese Fälle gut aus und braucht daher keine anderen Gebilde außer Raumgittern zu betrachten. Allerdings stehen die mit alternierend orientierten Formelementen besetzten Raumgitter den allgemeinsten Punktsystemen, welche das Wienersche Prinzip erfüllen, sehr nahe[1]), so daß auch geradezu ihre Bezeichnungen nach den aus der allgemeinen Theorie entnommenen Namen erfolgen können.

8. Erklärung der Symmetrieachsen durch die Struktur.

Durch jede Quadratmitte der letzten Figur können wir vertikal zu seiner Ebene eine vierzählige Symmetrieachse legen, aber noch eine andere Art von vierzähligen Achsen kann man sich denken, wenn man die eben gemachte Bemerkung berücksichtigt, daß Parallelverschiebungen als erzeugende Gitteroperationen in Betracht kommen. Man denke sich um die Achse vier Stäbchen wendeltreppenartig in gleichen Abständen a verteilt (Fig. 4) und unter 90° gegeneinander gedreht, während das fünfte dem ersten parallel ist; dann führt die Aufeinanderfolge einer Vierteldrehung und einer Schiebung vom Betrage a das erste Stäbchen in das zweite, dieses in das dritte usw. über. Man bezeichnet eine solche Achse als vierzählige Schraubungsachse. Die Figur 4 ist ein „enantiomorphes" Gebilde (Abschn. 6), denn wir können die Stäbchen entweder im Sinne einer Rechtsschraube oder einer Linksschraube aufeinander folgen lassen. Daher bieten die Schraubungsachsen ein gutes Hilfsmittel zur Erklärung der oft beobachteten enantiomorphen Kristallpolyëder. Auch zweizählige Schraubungs-

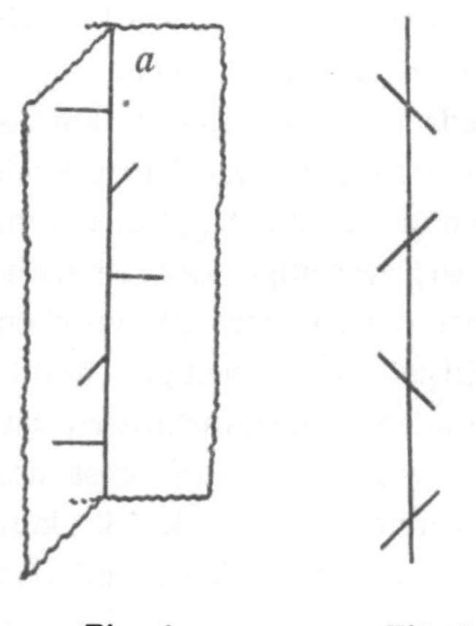

Fig. 4.   Fig. 5.

Vierzählige   Zweizählige
Schraubenachse.   Schraubenachse.

---

[1]) Rein mathematisch sind beide Probleme identisch, es kommt im abstrakten Sinne nur auf die Symmetrieoperationen, nicht auf ihr Objekt an. Die Punktsysteme sind von Wieners Prinzip aus von Sohncke und später unter noch allgemeineren Annahmen (nahezu gleichzeitig) von Fedorow, Schönflies und Barlow vermittelt. Die Ausführungen in diesem Buch sind nur spezielle Fälle dieser sehr allgemeinen Theorien.

achsen kommen in Betracht (Fig. 5), in welcher die Stäbchen schräge zur Achse liegen, da es ja nicht notwendig ist, sie — so wie in Fig. 4 — stets senkrecht zur Achse zu zeichnen. Zweizählige Schraubungsachsen bewirken zwar nicht unmittelbar eine enantiomorphe Gruppierung ihrer Stäbchen, doch bei unsymmetrischer Lage im Raumgitter kann Enantiomorphie eintreten. Natürlich ist es nicht möglich, in obiger Weise drei-, vier- oder sechszählige Drehungsachsen mit Stäbchen zu besetzen[1]), denn diese würden einer solchen Symmetrie widersprechen; auch da, wo Symmetrieachsen sich schneiden, ist das oft nicht möglich; hingegen sind Stäbchen zur Darstellung von Schraubungsachsen sehr geeignet.

9. Dichteste Kugelpackungen.

Fragen wir nach der naturwissenschaftlichen Bedeutung, welche den Stäbchen zukommt, die wir durch die Gitterecken legen! Natürlich können die Formelemente ebensowenig die Gestalt mathematischer Linien besitzen, wie die Gestalt von mathematischen Punkten, welche der Strukturtheorie Sohnckes zugrunde liegt. In einfachen Beziehungen stehen die Raumgitter zu den dichtesten Gruppierungen von Kugeln im Raum, denn die Kugelcentra ordnen sich hierbei zu besonders einfachen Raumgittern zusammen, was kürzlich J. Pope in höchst interessante Beziehungen zur Kristallographie gebracht hat (Nature, 11. Aug. 1910, Bd. 85, S. 187). Markieren wir auf den Kugeln eine bestimmte Richtung als Achse, so brauchen diese Achsen nicht stets parallel zu stehen, sondern sie können ebenso alternierend orientiert sein, wie es bei den Stäbchen der Gitter möglich ist. Die Stäbchen können also als Kugelachsen betrachtet werden.

Darum brauchen wir indessen nicht die Annahme zu machen, daß die Moleküle stets die Gestalt von Kugeln mit Achsen besitzen, sondern derartige Kugeln brauchen doch nichts mehr als geometrische Hilfsmittel zu sein, um die Centra der Kugeln in gleichwertige Lage zu bringen; indessen in manchen Fällen mag die Annahme von Kugeln mit polaren Achsen für die Moleküle eine brauchbare Hypothese sein[2]).

---

[1]) Wenigstens nicht durch senkrecht oder schräg zur Achse stehende Stäbchen, wohl aber durch Stäbchen, die in die Achse selbst fallen. Diese Vorstellung kann für einige Gitter später verwertet werden.

[2]) Z. B. liegt es nahe, bei den pseudoisotropen Fällen der flüssigen Kristalle anzunehmen, daß die Achsen in diesem Zustande sämtlich parallel und senkrecht zur Präparatebene sind, bei der Ausübung eines Druckes auf das Präparat (z. B. mittels einer Nadel) jedoch aus ihrer Parallelität herausgebracht werden.

10. Historisches.

Das Verdienst, den Begriff der Gitter in die Kristallographie eingeführt zu haben, kommt Hauy zu; Gitter mit durchweg parallel angeordneten Formelementen hat Frankenheim und besonders Bravais verwertet und ihre verschiedenen Typen ermittelt, die im Teil I dieses Buches besprochen werden.

Auf Grund des Wienerschen Prinzips hat alsdann Sohncke die Bravaissche Theorie erweitert und, soweit die Erklärung von Symmetrieachsen in Frage kommt, zum Abschluß gebracht. Wie schon erwähnt, wurde dann unter noch allgemeineren Annahmen — nämlich unter Mitberücksichtigung der inversen Symmetrie — das Problem behandelt und die Anzahl der Fälle, welche alsdann bei Zugrundelegung des Wienerschen Prinzips möglich sind, aufgefunden, sie beträgt 230. Indessen operiert sowohl diese letztere Theorie als auch die Sohnckesche mit Gebilden, die wesentlich komplizierter sind als Raumgitter.

Der Begriff des Raumgitters mit nicht überall parallelen Formelementen findet sich zusammenhängend erst in diesem Buche verwertet.

Teil I.

—

Die holoëdrischen Kristallgruppen.

(Bravais' Theorie der Raumgitter.)

Die Hauysche Hypothese besagte, daß bei sämtlichen Kristallen die Anordnung der Mittelpunkte ihrer sie aufbauenden Formelemente eine parallelepipedische sei; sie regte zur Ermittelung sämtlicher Typen von parallelepipedischen Gruppierungen von Punkten im Raume an, ein Problem, welches zuerst von Bravais vollständig gelöst wurde. Sämtliche holoëdrischen Symmetriearten lassen sich durch die Bravaisschen Typen — deren Zahl 14 beträgt — darstellen, d. h. dadurch, daß man den Raum durch kongruente und parallelgestellte Parallelepipede lückenlos ausfüllt und die Ecken dieser Parallelepipede als die Mittelpunkte der Formelemente eines (unbegrenzt groß zu denkenden) Kristalles auffaßt. In welcher Weise diese Formelemente der Kristalle in den Gitterecken gelagert sind, ist dadurch noch ziemlich unbestimmt gelassen; notwendig ist nur die Voraussetzung, daß die Gitterecken zugleich Mittelpunkte oder Schwerpunkte dieser Formelemente sind. Bravais selbst benutzte noch die Annahmen, daß die Formelemente sämtlich parallel stehen' und daß ihre Symmetrie entweder derjenigen einer Kugel gleichkommt oder mit derjenigen Symmetrie übereinstimmt, welche die zugehörigen Punktgitter und also die holoëdrischen Kristalle besitzen. Diese Annahmen sind sehr anschaulich zur Erklärung der vollflächigen Kristalle, jedoch zu speziell zur Erklärung sämtlicher teilflächigen Kristallgruppen. In diesem Kapitel jedoch, in welchem es sich um die holoëdrischen Kristallgruppen handelt, sind die Bravaisschen Voraussetzungen zulässig, über ihre Abänderung für die Erklärung der teilflächigen Kristalle vgl. Teil II.

a) Triklin.[1]

Struktur: Triklines Raumgitter.

(Raumgitter der schiefen rhomboidischen Prismen.)   (Stereosk. Fig. 1.)

Zugrunde gelegt erscheint diesem Gitter ein schiefes rhomboidisches Prisma, d. h. ein solches Prisma, welches ausschließlich von Parallelogrammen der allgemeinsten Art begrenzt wird. Drei in einem Punkt zusammenstoßende Kanten dieses Parallelepipeds können als parallel den Kristallachsen a, b, c angenommen werden. Die Symmetrie dieses Gitters entspricht der triklinen Holoëdrie und erfüllt nur die eine Forderung, daß mit jeder Kristallfläche die ihr parallele Gegenfläche, mit jeder Richtung des Kristalls die ihr entgegengesetzt parallele Richtung hinsichtlich ihrer physikalischen Eigenschaften gleichwertig ist.

Wird auch diese Forderung — die man als zentrische Symmetrie bezeichnet — fallen gelassen, so gelangt man zu völlig unsymmetrischen Kristallen; die zugehörige Symmetriegruppe heißt trikline Hemiëdrie. Unmittelbar läßt

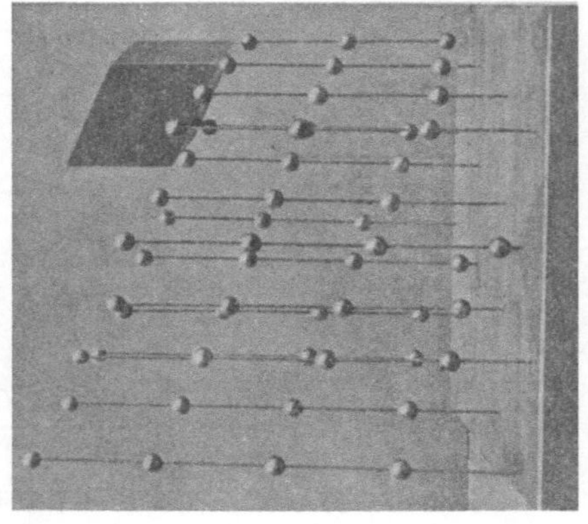

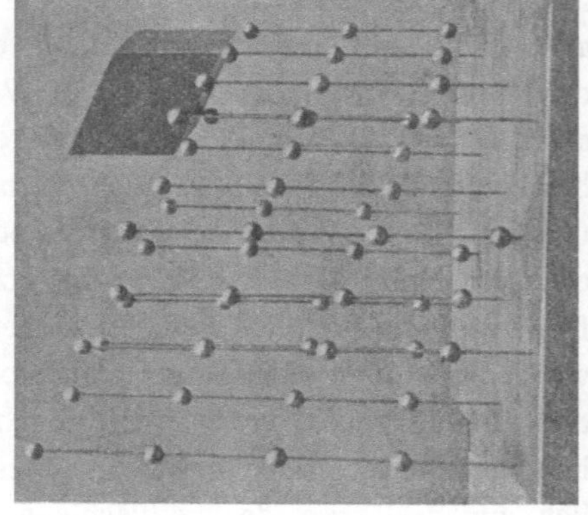

Stereoskopische Abbildung Nr. 1.

sich ihre Struktur durch ein mit Punkten besetztes Raumgitter nicht erklären, da einem solchen stets zentrische Symmetrie innewohnt.

---

[1] Zum Verständnis der stereoskopischen Modelle vergleiche man auch die Erklärung im Anhang am Schluß des Buches.

Wenn jedoch in den Ecken der Gitter solche Stäbchen angebracht werden, bei denen — ähnlich wie bei Pfeilen — Richtung und Gegenrichtung ungleichwertig ist, so gelangt man zu einer Struktur, die der symmetrielosen Gruppe entspricht (vgl. Kap. 2).

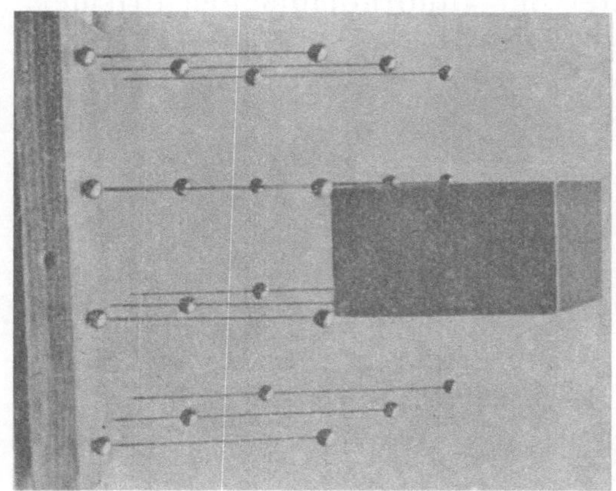

Einfache Formen: In der triklinen Holoëdrie bestehen die einfachen Formen nur aus einer Fläche und ihrer Gegenfläche (Flächenpaar).

b) Monoklin.

Struktur a:
Raumgitter der geraden rhomboidischen Prismen.

(Monoklines pinakoidales Raumgitter.)

Dem Gitter ist das gerade rhomboidische Prisma zugrunde gelegt, welches auch als Kombination der drei monoklinen Pinakoide $\{100\}$, $\{010\}$, $\{001\}$ (Querflächenpaar, Längsflächenpaar und Basis) aufgefaßt werden kann. Es wird von zwei Parallelogrammen allgemeinster Art (Rhomboiden)

010 und $0\overline{1}0$ umgrenzt, auf denen 4 Rechtecke senkrecht stehen. Daher erscheint die Bezeichnung monoklines pinakoidales Gitter zum Unterschied von dem folgenden Modell 3 passend. Die Schnittkanten der drei Paare von Begrenzungsflächen können als monokline Kristallachsen hinsichtlich

Länge und Richtung aufgefaßt werden. — Die Symmetrie des Gitters entspricht der monoklinen Holoëdrie, indem die Symmetrieebenen parallel {0 1 0}, die Symmetrieachsen senkrecht zu {0 1 0} liegen. (Stereosk. Fig. 2.)

Struktur β: Raumgitter der klinorhombischen Prismer.

(Gitter der monoklinen Vertikalprismen.)

Grundkörper ist das klinorhombische Prisma, d. h. ein von zwei Rhomben und vier allgemeinsten Parallelogrammen umgrenztes Parallelepiped. In der im Modell vertikal gestellten Zone des Grundkörpers liegen die vier allgemeinsten Parallelogramme. Die rhombusförmigen Begrenzungsflächen sind gegen diese Zone unter dem Achsenwinkel β geneigt, liegen mithin schief. Im Gegensatz zu dem anderen, durch das vorige Modell veranschaulichten Typus monokliner Gitter sind nicht alle Umgrenzungskanten der Grundkörper zu Kristallachsen parallel, sondern nur die vertikalen Umgrenzungskanten können der Vertikalachse c parallel gesetzt werden. Die Ortho- und Kinoachsen

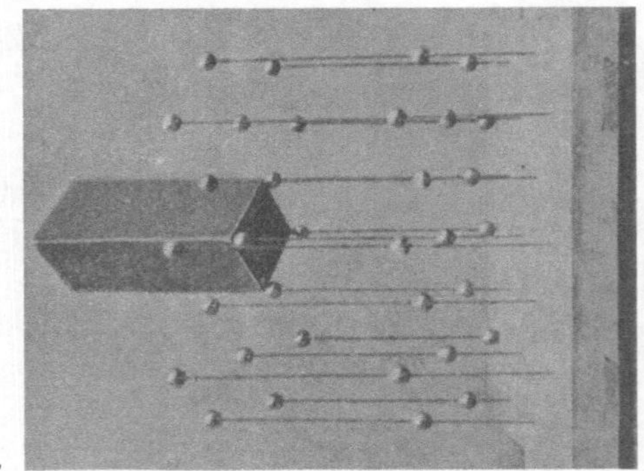

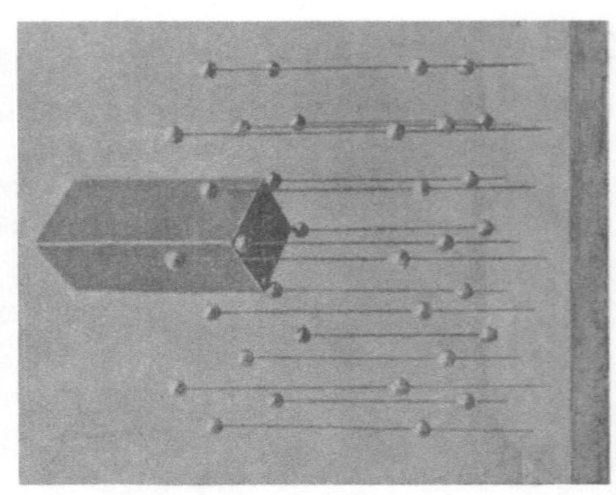

Stereoskopische Abbildung Nr. 3.

werden dadurch erhalten, daß man die Diagonalen innerhalb der rhombusförmigen Umgrenzungsflächen des beschriebenen Körpers zieht. Der Grundkörper selbst ist als Kombination von monokliner Basis (0 0 1) mit Vertikalprisma (1 1 0) auffaßbar, seine Symmetrieachse b gibt die Richtung der Symmetrieachse des Gitters und ebenso seine

Symmetrieebene (0 1 0) die Orientierung der Symmetrieebenen des Gitters wieder. (Stereosk. Fig. 3.)

Einfache Formen: Die einfachen Formen der monoklinen Holoëdrie bestehen im allgemeinsten Fall aus vier ein Prisma bildenden Flächen, z. B. 1 1 1, 1 $\bar{1}$ 1, $\bar{1}$ $\bar{1}$ $\bar{1}$, $\bar{1}$ 1 $\bar{1}$. Wenn die Ausgangsfläche senkrecht auf der Symmetrieebene steht, so spezialisiert sich das Prisma auf ein zur Orthoachse paralleles Flächenpaar, z. B. 1 0 1 nebst $\bar{1}$ 0 $\bar{1}$; wenn die Ausgangsfläche senkrecht auf der Symmetrieachse steht, so spezialisiert es sich auf ein zur Symmetrieebene paralleles Flächenpaar 0 1 0 nebst 0 $\bar{1}$ 0.

Stereoskopische Abbildung Nr. 4.

c) Rhombisch.

Struktur α:
Raumgitter der
rechteckigen
Parallelepipede
(Oblongen).

(Rhombisches pinakoidales Raumgitter.)

Grundkörper ist ein von drei ungleichwertigen Paaren von Rechtecken begrenztes Parallelepiped; drei zusammenstoßende Kanten desselben können als das rhombische Achsenkreuz der zugehörigen Kristalle aufgefaßt werden. Auch kann dieser Körper als die Kombination der drei rhombischen Pinakoide (1 0 0), (0 1 0), (0 0 1) (Querflächenpaar, Längsflächenpaar, Basis) angesehen werden, so daß die Bezeichnung rhombisches pinakoidales Raumgitter sich rechtfertigt. Die Begrenzungskanten des Grundkörpers laufen den drei zweizähligen Symmetrieachsen a, b, c, seine Begrenzungsflächen aber den drei

Achsenebenen parallel. Der Grundkörper kann als ein verlängerter Würfel aufgefaßt werden, hierdurch erklärt sich die Bezeichnung „Oblongum"; Länge, Breite und Höhe des Oblongums sind einander ungleich. (Stereosk. Fig. 4.)

Struktur β: Raumgitter der zentrierten rechteckigen Parallelepipede.

(Rhombisches Raumgitter der zentrierten Pinakoide.)

Wenn den Grundkörpern des vorigen Falles (Stereosk. Abbild. 4) nicht nur an den Ecken, sondern auch in den Zentren materielle Punkte zugeschrieben werden, so erfolgt der Aufbau dieses Gitters im übrigen ebenso wie beim vorigen Gitter. Man kann auch sagen, daß das jetzige Gitter aus zwei ineinander gestellten und sich gegenseitig zentrierenden Gittern vom Typus des Modells 4 bestehe.

Durch Verbindung benachbarter Gitterpunkte erhält man als Grundkörper eine Doppelpyramide, deren mittlere horizontale Durchschnittsfigur rechteckig ist und von der Grundfläche eines Oblongums gebildet wird, während die Spitzen der Pyramiden in die Zentren

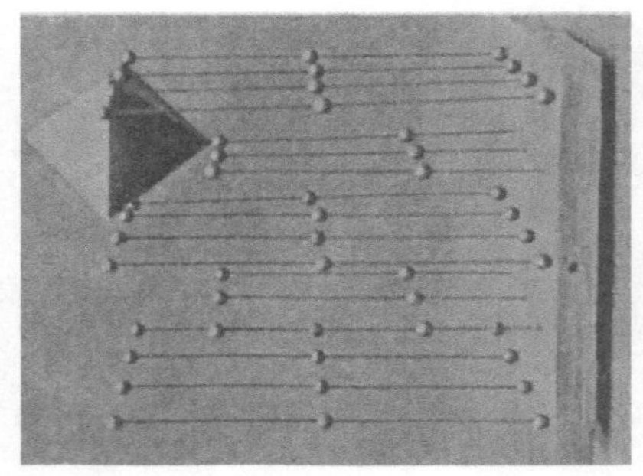

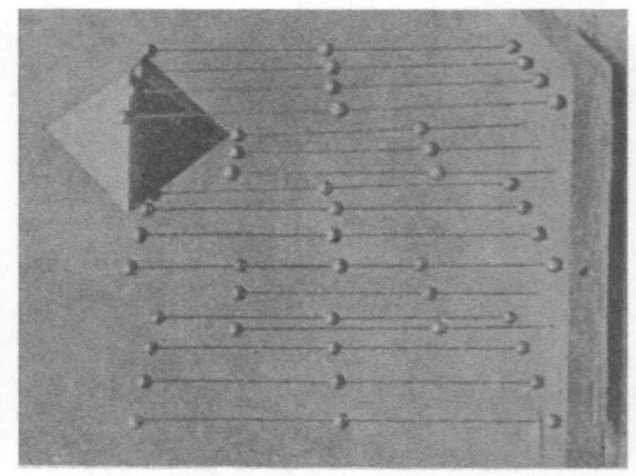

Stereoskopische Abbildung Nr. 5.

zweier übereinander liegender Oblongen fallen. Es kann dieser Körper auch als Kombination eines rhombischen Quer- und Längsprismas {1 0 1} und {0 1 1} angesehen werden, er heißt Oblongoktaëder. Ebensogut aber kann das Gitter auch als ein Aufbau nach geraden Säulen mit rhombusförmigem Querschnitt betrachtet werden, deren sämtliche Flächencentra mit materiellen Punkten besetzt sind.

Die Symmetrieachsen und Symmetrieebenen der einzelnen Oblong-oktaëder übertragen sich auf das Gitter als Ganzes betrachtet, so daß man diesen Fall als einen Aufbau nach Oblongoktaëdern, die jedoch den Raum nicht lückenlos ausfüllen, bezeichnen kann. Werden Länge und Breite der Oblongoktaëder einander gleich, so entstehen tetragonale Gitter, werden Länge, Breite und Höhe einander gleich, so entstehen reguläre nach Oktaëdern aufgebaute Gitter. (Stereosk. Fig. 5.)

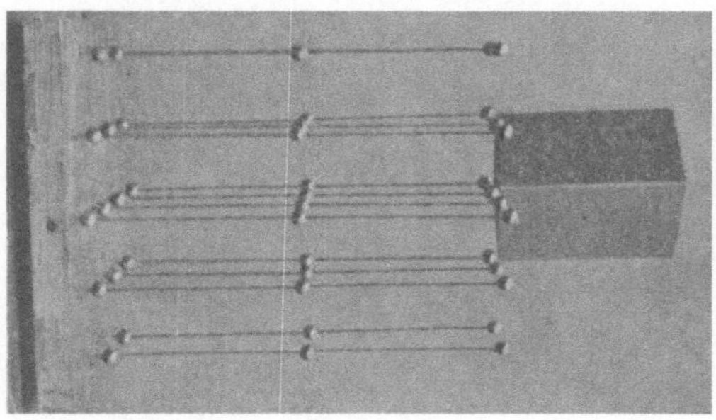

Struktur γ: Raumgitter der geraden Rhombusprismen.

(Rhombisches Raumgitter der Vertikalprismen).

Der Grundkörper des Gitters ist ein gerades Prisma mit rhombusförmigem Querschnitt, welches auch als Kombination der rhombischen Basis (001) mit einem rhombischen Vertikalprisma (110) aufgefaßt werden kann.

Durch die vertikale Begrenzungskante dieser Körper zusammen mit den Diagonalen ihrer horizontalen Begrenzungsrhomben werden die Richtungen des zugehörigen rhombischen Achsenkreuzes bestimmt. Die vertikalen Diagonalebenen (100) und (010) zusammen mit der Grundfläche laufen aber den Symmetrieebenen dieses Gitters parallel; wir haben also auch hier ebenso wie im Modell 4 und 5 die rhombisch holoëdrische Symmetrie vor uns. (Stereosk. Fig. 6.)

Stereoskopische Abbildung Nr. 6.

Struktur δ: Raumgitter der zentrierten geraden Rhombusprismen.

(Rhombisches Raumgitter der zentrierten Vertikalprismen).

Das Gitter kann aus dem vorigen Fall (Modell 6) dadurch abgeleitet werden, daß außer den Ecken der Rhombusprismen auch ihre Schwerpunkte mit materiellen Punkten besetzt werden. Werden zwei benachbarte vertikal übereinanderliegende Schwerpunkte als Spitzen einer Doppelpyramide aufgefaßt, während die dazwischenliegende horizontale Grundfläche eines Rhombusprismas zum Mittelschnitt dieser Pyramide (1 1 1) aufzufassen ist, so entsteht der mit dem Gittermodell verbundene Körper unserer stereosk. Figur 7.

Einfache Formen: Die allgemeinste einfache Form der rhombischen Holoëdrie ist eine rhombische Doppelpyramide, aus acht Flächen bestehend. Man gehe von einem horizontalen Rhombus aus und ziehe sowohl auf seiner Oberseite als auf der Unterseite die Diagonalen, die man sich als dehnbare (Gummi-)

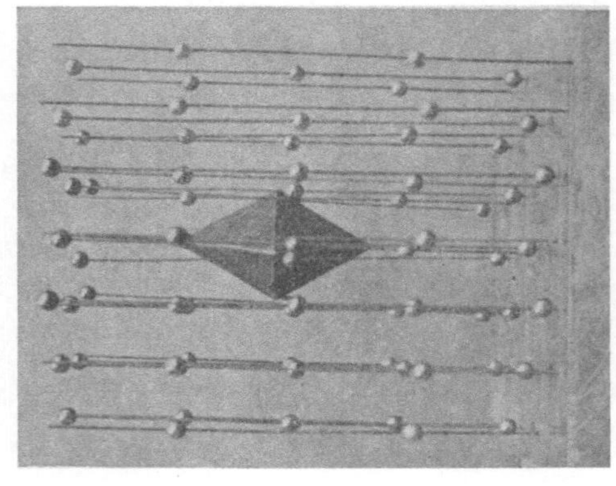

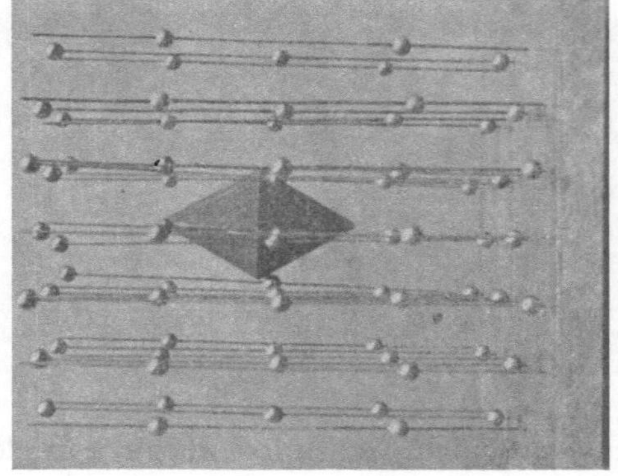

Stereoskopische Abbildung Nr. 7.

Schnüre denke, und ziehe ihren Schnittpunkt auf der Oberseite vertikal nach oben, auf der Unterseite vertikal im gleichen Betrage nach unten. So bilden die Diagonalen eine vierflächige obere und eine vierflächige untere Pyramide, deren gemeinsame Kanten diejenigen des Rhombus selbst sind, während die übrigen Kanten von den Schnüren d. h. den gebrochenen Rhombusdiagonalen gebildet werden. Die einfachste Doppelpyramide besteht aus den oberen Flächen 1 1 1, 1 $\bar{1}$ 1, $\bar{1}$ 1 1, $\bar{1}$ $\bar{1}$ 1 und aus den unteren Gegenflächen. Spezielle Fälle der Doppelpyramiden sind Prismen und Flächenpaare. Die Prismen sind von dreierlei Art {h k o}, {h o l}, {o k l}, und entstehen, wenn die Ausgangsfläche einer der drei Symmetrieachsen parallel ist; die Flächenpaare sind ebenfalls von dreierlei Art {1 0 0}, {0 1 0}, {0 1 1} und entstehen, wenn die Ausgangsfläche zweien der drei Symmetrieachsen zugleich parallel läuft.

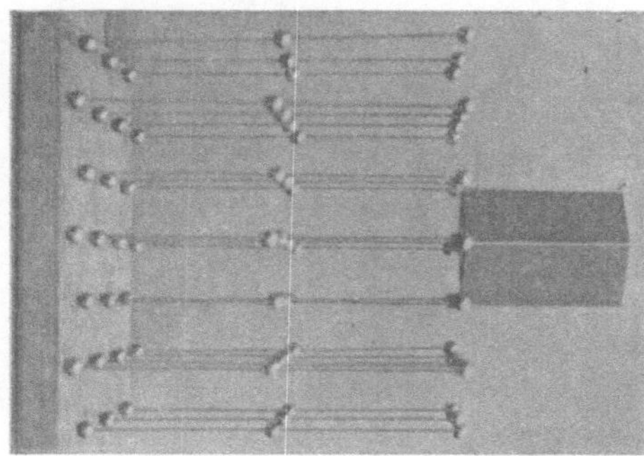

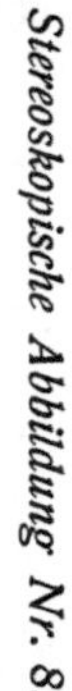

d) Tetragonal.

Struktur α: Raumgitter der quadratischen Prismen.

Acht benachbarte Gitterpunkte lassen sich zu einem geraden Prisma mit quadratischer Grundfläche zusammenfassen, dieses befindet sich daher als Grundkörper in der stereoskopischen Abbildung 8. Das Gitter unterscheidet sich von einem Aufbau nach Würfeln nur dadurch, daß es im Vergleich zu diesem in vertikaler Richtung gedehnt erscheint.

Es existieren vertikale vierzählige Symmetrieachsen und zweierlei horizontale zweizählige Symmetrieachsen. Die eine Art der letzteren läuft den Diagonalen, die andere Art den Seiten der Quadrate parallel, von welchen die prismatischen Grundfiguren begrenzt werden. Man kann das Gitter als speziellen Fall des Gitters nach Rhombusprismen oder Oblongen (Modell 4 und 6) auffassen, welcher dann entsteht, wenn diese Gitter in horizontaler Richtung quadratische Netzebenen erlangen.

Struktur β: Raumgitter der zentrierten quadratischen Prismen.

(Gitter der tetragonalen Pyramiden.)

Dieses Gitter kann aus dem vorigen Modell 8 dadurch abgeleitet werden, daß außer den Ecken der quadratischen Prismen auch ihre Schwerpunkte mit materiellen Punkten besetzt werden, so daß jedes Prisma neun materielle Punkte umfaßt. Faßt man zwei benachbarte vertikal übereinander stehende Schwerpunkte als Spitzen einer Doppelpyramide auf, deren Randkanten von der dazwischenliegenden Grundfläche der früheren Prismen gebildet werden, so erhält man den auf Modell 9 gestellten Körper, nämlich eine tetragonale Doppelpyramide (1 1 1); es kann daher diese Form als charakteristisch für das Gitter betrachtet werden. Das Gitter kann als tetragonal spezialisierter Fall der zentrierten Rhombusprismen oder zentrierten Oblongen (Modell 5 und 7) angesehen werden (d. h. als diejenigen Spezialfälle dieser rhombischen Gitter, in denen die Randkanten ihrer Pyramiden Quadrate an Stelle der Rhomben bezw. Rechtecke sind).

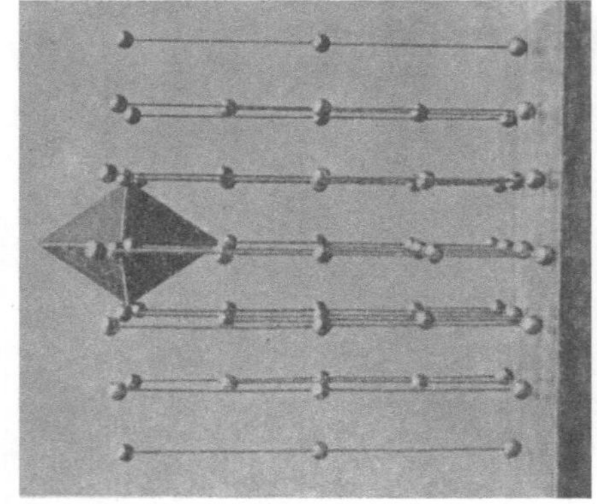

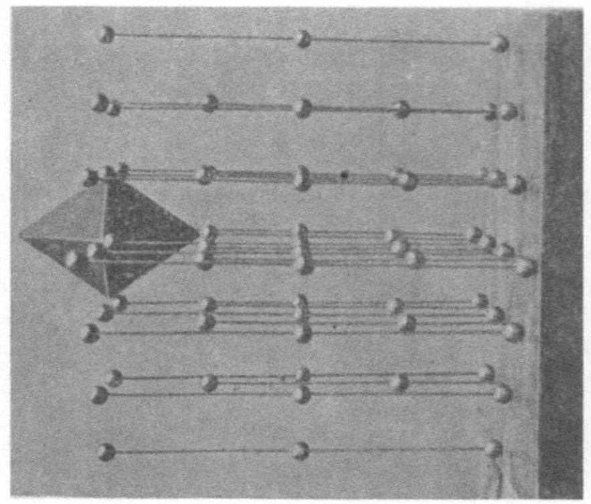

Stereoskopische Abbildung Nr. 9.

Einfache Formen: Die allgemeinsten einfachen Formen sind

„Ditetragonale Doppelpyramiden", zu ihrer Erzeugung „breche" man
die Kanten eines horizontalen Quadrates innerhalb seiner eigenen
Ebene in den vier Kantenhalbierungspunkten in gleichem Maße, so
daß an jede Kante des Quadrats ein gleichschenkliges Dreieck ange-
setzt erscheint. In diesem gebrochenen Quadrat verbinde man die
gegenüberliegenden Ecken auf der oberen und unteren Flächenseite
durch dehnbare Schnüre und ziehe deren Schnittpunkt auf der Oberseite vertikal nach oben, auf der Unterseite in gleichem Betrage vertikal nach unten. So entsteht eine achtflächige Pyramide auf der
Oberseite und eine ebensolche auf der Unterseite des Quadrats, beiden
gemeinsame Begrenzungskanten sind die Kanten des gebrochenen
Quadrats selbst (sogenannte Randkanten), die übrigen Begrenzungskanten werden von den Schnüren gebildet (sogenannte Polkanten).
Eine allgemeinste Form wird z. B. gewonnen, wenn man von der
Fläche 1 2 1 ausgeht und auf der Oberseite des Quadrats zu ihr
zunächst ebenso wie im rhombischen Fall noch $1\bar{2}1$, $\bar{1}21$, $\bar{1}\bar{2}1$
hinzunimmt, aber auch noch die im rhombischen System fehlende
Gleichwertigkeit der a- und b-Achse berücksichtigt und daher die
Flächen 2 1 1, $\bar{2}11$, $2\bar{1}1$, $\bar{2}\bar{1}1$ hinzunimmt. Dieses sind die acht
Flächen auf der Oberseite des Ausgangsquadrats; diejenigen auf der
Unterseite sind ihre acht Gegenflächen und werden dadurch erhalten,
daß man in allen acht Symbolen sämtliche drei Vorzeichen umkehrt.
Spezielle Fälle entstehen, wenn die Ausgangsfläche parallel einer horizontalen Koordinatenachse wird und zwar tetragonale Doppelpyramiden
der Reihe {h o l}, wenn Parallelismus der Ausgangsfläche mit der a-
bezw. b-Achse besteht, und tetragonale Doppelpyramiden der Reihe
{1 1 l}, wenn die Ausgangsfläche einer „Zwischenachse" parallel wird,
d. h. einer unter 45° mitten zwischen der a- und b-Achse liegenden
horizontalen Richtung. Diese speziellen achtflächigen Pyramiden können
sich weiter zu vierflächigen Prismen {1 0 0} und {1 1 0} spezialisieren,
die allgemeinsten, d. h. 16-flächigen Doppelpyramiden, aber zu achtflächigen (diquadratischen) Prismen {k k o} spezialisieren, wenn die
Pyramidenspitze in unendliche Ferne rückt. Endlich entsteht bei horizontaler Lage der Ausgangsfläche ein Flächenpaar {0 0 1} „Basis".

e) Hexagonal.

Struktur: Raumgitter der dreiseitigen Prismen.

Dieses Gitter wird von vertikal übereinander stehenden Netzen
kongruenter gleichseitiger Dreiecke gebildet, so daß sich ihm gerade

dreiseitige Prismen zugrunde legen lassen und dem Modell 10 eingefügt sind. In vertikaler Richtung existieren nicht nur die dreizähligen Symmetrieachsen, welche bereits den einzelnen dreiseitigen Prismen zukommen, sondern auch sechszählige Symmetrieachsen. Letztere fallen mit den vertikalen Begrenzungskanten der dreiseitigen Prismen zusammen, da je sechs Prismen in einer vertikalen Kante aneinandergrenzen und sich bei Drehung im Betrage von 60⁰ um diese Kanten vertauschen. Die Operationen der dreizähligen Achse hingegen führen jedes einzelne Prisma nur in sich über. Es können also Achsen von verschiedenen Zähligkeiten in der gleichen Richtung (hier in der vertikalen) liegen. Für die betreffenden Polyëder kommt diejenige Art, welche die höchste Zähligkeit besitzt, in Betracht; sie muß die Zähligkeiten der anderen Arten als Faktoren enthalten. [1]

Einfache Formen: Man verfahre mit einem horizontalen regelmäßigen Sechseck ebenso wie im tetragonalen System. Man spanne zwischen Zentrum und

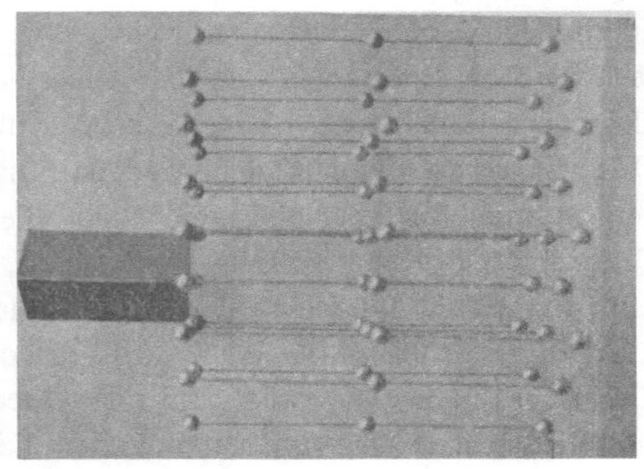

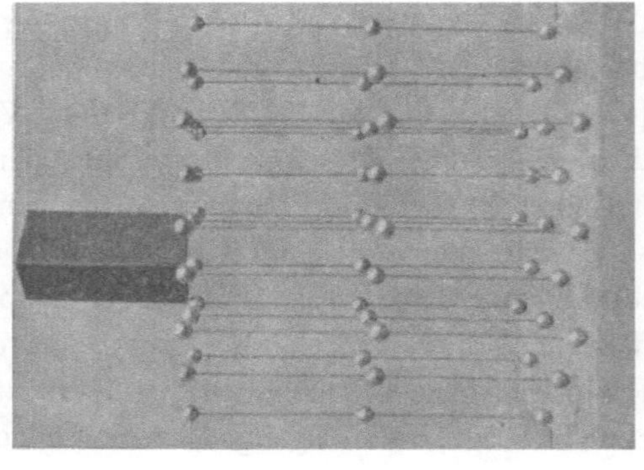

Stereoskopische Abbildung Nr. 10.

Ecken dehnbare Schnüre aus, so daß man deren drei auf der oberen Flächenseite anbringt. Den Schnittpunkt der Schnüre (d. h. das Zentrum des Sechsecks) ziehe man vertikal nach oben und erhält

---

[1] In sehr vielen Fällen, z. B. auch in diesem Modell, existieren in vertikaler Richtung auch zweizählige Symmetrieachsen.

so zwischen den drei „gebrochenen" Schnüren eine sechsflächige Pyramide, deren Flächen man jedoch noch längs ihrer durch die Pyramidenspitze gehenden Mittellinien brechen muß[1]), um die obere Hälfte der allgemeinsten Form zu erzeugen, so daß 12 Flächen entstehen; die untere Hälfte wird von den 12 Gegenflächen gebildet, deren Indices mit denen der oberen Fläche übereinstimmen, doch

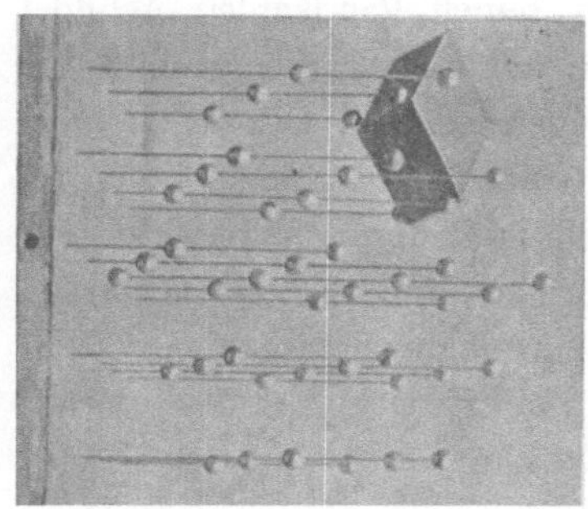

sämtlich mit entgegengesetzten Vorzeichen versehen sind. Diese Form, die „dihexagonale" Doppelpyramide, besteht also aus 24 Flächen, 12 oberen und 12 unteren, die sich in einem „gebrochenen" Sechseck („Randkanten") schneiden. Doppelpyramiden mit sechs oberen und sechs unteren Flächen sind ebenso wie im tetragonalen Fall von zweierlei Art möglich, je nachdem die Ausgangsfläche einer horizontalen Achse des Achsenkreuzes parallel, oder derjenigen Linie parallel gesetzt werden kann, welche den Endpunkt der a- und b-Achse verbindet (Richtung der „Zwischenachse", sie ist sowohl im hexagonalen als auch im tetragonalen Fall ebenfalls zweizählige Symmetrieachse). Es existieren also die beiden Arten der hexagonalen Doppelpyramiden $\{1\,0\,\overline{1}\,1\}$ und $\{1\,1\,\overline{2}\,1\}$.

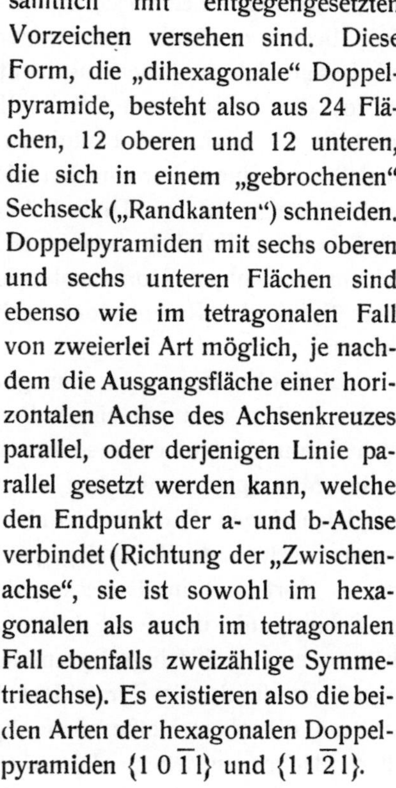

f) Trigonal.

Struktur: Raumgitter der Rhomboëder

(= Rhomboëdrische Abteilung des hexagonalen Systems).

Grundkörper dieses Gitters ist das sogleich näher zu definierende Rhomboëder, welches auch als trigonal deformierter Würfel aufgefaßt werden kann. Die Rhomboëder füllen bei paralleler Aneinander-

---

[1]) Für sich allein bilden diese Flächen nicht eine allgemeinste Form, sondern eine spezielle vom Typus $\{1\,0\,\overline{1}\,1\}$.

reihung den Raum lückenlos aus. In vertikaler Richtung gehen dreizählige Symmetrieachsen durch die Spitzen der Rhomboëder.

Dieselben entsprechen der Hauptachse eines hexagonal-rhomboëdischen Kristalls und sind daher stets vertikal zu stellen. Um nun
zu erkennen, wie die Gitterpunkte längs horizontaler Ebenen sich verteilen, betrachten wir zunächst ein einzelnes Rhomboëder: drei Ecken
des windschiefen Sechsecks, welches von seinen Randkanten gebildet
wird, liegen oberhalb der horizontalen mittleren Durchschnittsfigur
und lassen sich zu einem horizontalen gleichseitigen Dreieck (I) verbinden; die drei anderen Ecken dieses windschiefen Sechsecks liegen
unterhalb der horizontalen mittleren Durchschnittsfigur und lassen sich
ebenfalls zu einem horizontalen gleichseitigen Dreieck (II) verbinden,
welches kongruent mit Dreieck I ist, aber entgegengesetzt gerichtete
Seiten besitzt. Folglich breiten· sich in den Ebenen I und II, ferner
auch in denjenigen Horizontalebenen, welche durch die obere und
untere Spitze des Rhomboëders gehen, kongruente gleichseitige Dreiecke aus.

Einfache Formen: Man gewinnt die allgemeinste Form dieser
Gruppe, indem man mit einem Dreieck wörtlich so verfährt, wie bei
der hexagonalen Holoëdrie soeben für das Sechseck näher beschrieben
wurde: Man spanne zwischen Zentrum und Ecken auf der Oberseite
des gleichseitigen Dreiecks dehnbare Schnüre aus — beim Sechseck
gingen dieselben durch zwei gegenüberliegende Ecken, hier nur durch
eine — dort und im Dreieckszentrum stecke man jede Schnur fest.
Den Schnittpunkt der drei Schnüre ziehe man vertikal nach oben und
erhält so eine dreiflächige Pyramide, deren Flächen man jedoch noch
längs ihrer durch die Pyramidenspitze gehenden Mittellinien brechen
muß, um die obere Hälfte einer allgemeinsten Form zu erzeugen, sodaß 6 Flächen entstehen. Die untere Hälfte wird von den 6 Gegenflächen gebildet, deren Indices mit denen der oberen Flächen der
Reihe nach übereinstimmen, aber mit umgekehrten Vorzeichen zu versehen sind. Die 6 oberen Flächen schneiden sich nun aber mit den
6 unteren — zum Unterschied von den früheren Holoëdrien — nicht
in den Kanten des Ausgangspolygons, sondern verlaufen schräg zur
Ebene des ursprünglichen Dreiecks. Nur die Mitte jeder Schnittkante
geht durch die Dreiecksebene und zwar so, daß die eine Hälfte jeder
Schnittkante schräg über dieser Ebene aufsteigt, die andere Hälfte aber
im gleichen Betrage heruntersteigt. Diese Form, deren Randkanten
ein windschiefes Sechseck bilden, heißt „hexagonales Skalenoëder".
Die speziellen Formen vom Typus $\{10\bar{1}1\}$ werden wiederum von der

anfangs erhaltenen dreiflächigen Pyramide und deren Gegenflächen gebildet; diese Gegenflächen ergänzen die obere Hälfte aber nicht zu
einer Doppelpyramide, sondern zu einem sogenannten „Rhomboëder",
welches eben solche 6 auf- und absteigenden Kanten besitzt wie das
Skalenoëder. Bei den Rhomboëdern sind also die Flächen parallel
den Dreiecksseiten, d. h.
den Koordinatenachsen;
wenn aber die Aus-
gangsfläche parallel den
horizontalen Zwischen-
achsen gelegt wird, so
entsteht eine ebensolche
hexagonale Doppelpyra-
mide wie im vorigen
Fall. Weitere Speziali-
sierungen sind trigonale
Prismen $\{10\overline{1}0\}$, hexagonale Prismen $\{11\overline{2}0\}$,
dihexagonale Prismen
$\{ihko\}$, Basis $\{0001\}$.

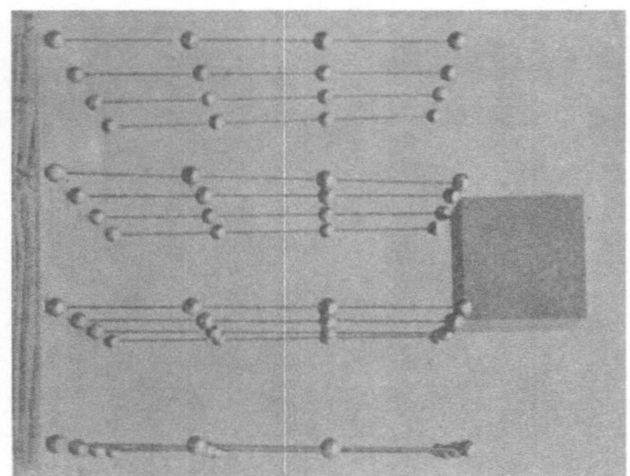

Stereoskopische Abbildung Nr. 12.

g) Regulär.

Struktur α:
Raumgitter der Würfel.

(Reguläres hexaëdrisches Raumgitter.)

Das Gitter ist als
lückenlose und in paral-
leler Stellung erfolgende
Aneinanderreihung kon-
gruenter Würfel aufzu-
fassen, auch kann es als
hexaëdrisch spezialisier-
ter Fall des Gitters der quadratischen Prismen aufgefaßt werden, ferner
auch als hexaëdrisch spezialisierter Fall des Gitters nach Rhombusprismen oder Oblongen, da wir ja sahen, daß diese beiden rhombischen Gitter als untergeordnet dem Gitter der quadratischen Prismen
aufgefaßt werden können (vgl. Erklärung zu Modell 8). Ferner aber

läßt sich das Modell 12 auch als hexaëdrisch spezialisiertes Modell 11 auffassen, also vom rhomboëdrischen Fall ableiten.

Modell 12 besitzt vier-, drei- und zweizählige Symmetrieachsen, die teils durch die Schwerpunkte, teils durch die Flächenzentra, teils durch die Kantenhalbierungspunkte der Würfel hindurchgehen.

Struktur β: Raumgitter der zentrierten Würfel.

(Reguläres rhombendodekaëdrisches Gitter.)

Dieses Gitter kann aus Modell 12 dadurch abgeleitet werden, daß man nicht nur die Ecken, sondern auch die Schwerpunkte der dortigen Würfel mit materiellen Punkten besetzt. (Stereosk. Fig. 13.)

Das Gitter ist ableitbar von einem Rhombendodeka-ëder, dessen Ecken von den Ecken eines Würfels und von den Schwerpunkten der sechs mit ihm eine Fläche gemein habenden Würfel gebildet werden. Es ist aber zu beachten, daß dieses Rhombendodeka-ëder nicht nur auf seinem Rande materielle Punkte ent-hält, sondern auch einen der-selben in seinem Inneren, näm-lich in seinem Zentrum, es steht aber das Rhombendode-kaëder zu diesem Gitter in gleichem Verhältnis wie z. B. die rhombische Doppelpyramide zu dem Gitter der zentrierten Rhombus-prismen (Modell 7).

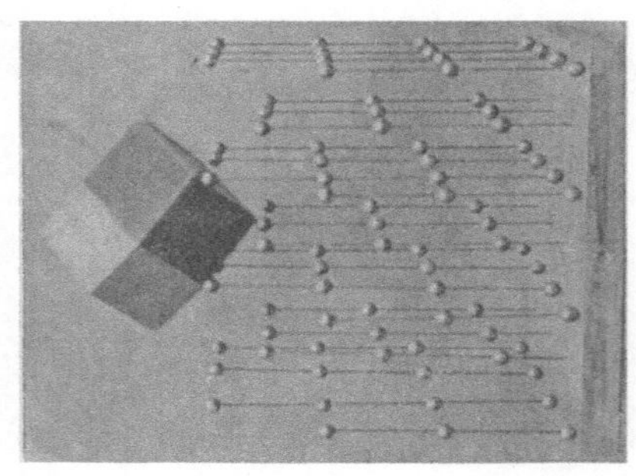

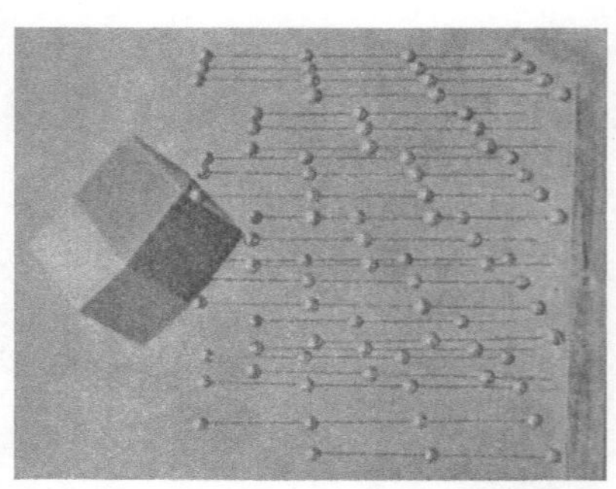

Stereoskopische Abbildung Nr. 13.

Struktur γ: Raumgitter der Würfel mit zentrierten Flächen.
(Reguläres oktaëdrisches Raumgitter.)

Dieses Gitter kann aus Modell 12 dadurch abgeleitet werden, daß man die Flächenmitten der dortigen Würfel ebenfalls mit materiellen

Punkten besetzt. Die sechs Flächenmitten eines Würfels lassen sich als Ecken eines regulären Oktaëders auffassen, und ein solches Oktaëder kann diesem Gitter zugrunde gelegt werden. Wenn wir um jede Ecke dieser Oktaëder ein möglichst kugelähnliches Polyëder legen, deren Gesamtheit den Raum lückenlos ausfüllt, so finden wir, daß dieses Polyëder ein Rhombendodekaëder ist. Daher könnte zwar auch dieses Modell vom Rhombendodekaëder abgeleitet werden, jedoch durch eine ganz andere geometrische Konstruktion als das Modell 13, denn während bei Modell 13 die Ecken der Rhombendodekaëder materiell sind, würden hier nicht die Ecken, sondern nur die Zentren der Rhombendodekaëder die Rolle von materiellen Punkten spielen.

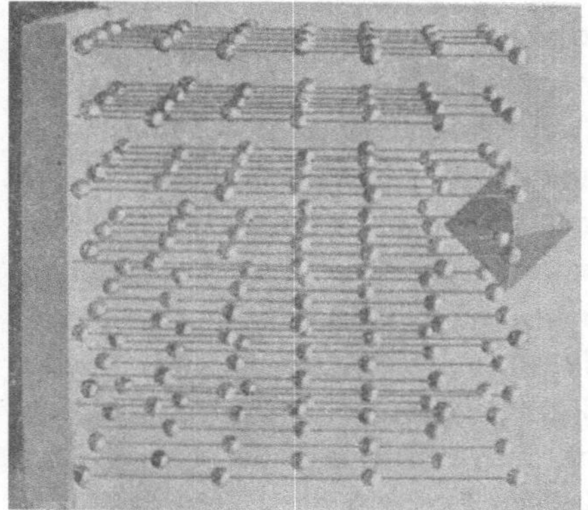

Einfache Formen. Die Erzeugung der allgemeinsten Form (Hexakisoktaëder) erfolgt aus dem Würfel in ganz ähnlicher Weise wie in den übrigen Holoëdrien aus den regelmäßigen Polygonen: innerhalb jeder Würfelfläche fasse man die Diagonale und die Verbindungslinien gegenüberliegender Kantenmitten als dehnbar auf und ziehe den Schnittpunkt dieser Linien, d. h. den Mittelpunkt der Würfelfläche längs der durch ihn hindurchgehenden Koordinatenachse (a oder b oder c) nach außen. Die Würfelflächen erscheinen so durch achtflächige Pyramiden (die den ditetragonalen Pyramiden gleichgestaltig sind) überhöht. Die speziellen Formen lassen sich durch Zusammenfallen gewisser benachbarter Flächen dieses 48-Flächners ableiten, oder — anders ausgedrückt — durch spezialisierte Lage der Ausgangsfläche. Die Millerschen Indizes des 48-Flächners müssen sämtlich voneinander verschieden sein, z. B. 1, 2, 3. Man erhält die Symbole aller seiner 48 Flächen einzeln, wenn man die Zahlen 1, 2, 3 auf alle Arten unter sich vertauscht und auf alle Arten die Vorzeichen plus und minus auf sie verteilt.

Wird die Ausgangsfläche einer Achse parallel, so daß das Symbol {1 2 0} entsteht, so fallen solche benachbarten Flächen des 48-Flächners, deren Schnittkanten innerhalb der Koordinatenebenen liegen, paarweise zusammen, es entsteht der als Pyramidenwürfel bezeichnete 24-Flächner. Bei ihm stehen vierflächige Pyramiden über den Würfelflächen. Werden zwei von den drei Symbolen einander gleich (sind also die Abschnitte auf zwei Achsen gleich), so entstehen andere 24-Flächner, die von verschiedenem Typus sind, je nachdem sich z. B. das Hexakisoktaëder {1 2 3} auf {1 1 3} oder auf {1 3 3} spezialisiert; d. h. je nachdem die beiden gleichen Indizes kleiner sind als der dritte, oder größer sind als der dritte. In beiden Fällen entstehen Formen, die als ein Oktaëder, auf dessen acht Flächen je eine stumpfe dreiflächige Pyramide steht, anzusehen sind; im Falle {1 3 3} (Pyramidenoktaëder) gehen die Kanten dieser aufgesetzten regelmäßig dreiseitigen Pyramiden durch die Oktaëderecken, im Falle {1 1 3} (Ikositetraëder) jedoch durch die Kantenmitten des Oktaëders.

Weitere Spezialisierungen entstehen, wenn die Ausgangsfläche zwei Achsen in gleichen Abschnitten schneidet und der dritten zugleich parallel ist, so daß die Form das Symbol {1 1 0} erhält. Es entsteht die als Rhombendodekaëder bezeichnete, von 12 Rhomben begrenzte Form, auffaßbar als der spezielle Fall des Pyramidenwürfels, in welchem je zwei benachbarte, über verschiedenen Würfelflächen stehende Dreiecke der aufgesetzten Pyramiden in ein Niveau fallen und daher einen Rhombus bilden, während beim eigentlichen Pyramidenwürfel ein „gebrochener" (unebener) Rhombus an dessen Stelle tritt. Endlich entsteht das Oktaëder, wenn alle drei Achsenabschnitte einander gleichwertig sind.

Die Formen der regulären Holoëdrie lassen sich daher zu folgender Tabelle zusammenstellen:

Hexakisoktaëder, Symbol, z. B. {1 2 3}   Rhombendodekaëder {1 1 0}
Pyramidenoktaëder   „   „ {2 2 1}   Oktaëder   {1 1 1}
Ikositetraëder   „   „ {1 1 2}   Würfel   {1 0 0}
Pyramidenwürfel   „   „ {1 2 0}

Teil II.

———

Die teilflächigen Kristallgruppen.

(Für die Diagramme der in diesem Teil beschriebenen Gitter beachte man
die im Anhang gegebenen Erklärungen.)

1. Achsensymmetrie der Strukturen.

Die erste Hauptklasse besitzt nur vertikale Symmetrieachsen
und veranschaulicht daher auch nur solche Kristallpolyëder, denen horizontale Symmetrieachsen fehlen. Innerhalb dieser ersten Hauptklasse
teilt man zweckmäßigerweise nach der Zähligkeit der Hauptachsenart
ein und hat 4 Fälle zu unterscheiden, je nachdem die Hauptachsen
6-, 4-, 3- oder 2-zählig sind. Natürlich entspricht diesen vier Fällen
der hexagonale, tetragonale, trigonale und digonale Typus, und zwar
kann letzterer, je nach der Beschaffenheit der sonstigen (nichtachsialen)
Symmetrie, dem rhombischen oder monoklinen System sich einordnen.

Die zweite Hauptklasse der Raumgitter enthält auch horizontale Symmetrieachsen; bei Einteilung derselben in Unterklassen ist zu
berücksichtigen, daß auf mehr als eine Art die horizontalen Symmetrieachsen quer durch die vertikalen hindurchgelegt werden können. Es
rührt dieses davon her, daß z. B. die vierzähligen Symmetrieachsen
eines jeden tetragonalen Punktsystems nicht alle von gleicher Art sind,
sondern sich in zwei Scharen so zusammenfassen lassen, daß zwar
sämtliche zur gleichen Schar gehörigen unter sich gleichwertig sind,
aber niemals zwei zu ungleichen Scharen gehörige. Wählen wir eine
beliebige vierzählige Symmetrieachse eines tetragonalen Punktsystems
als „Ausgangsachse" und denken uns aus ihr mittelst der Deckschiebungen des Punktsystems möglichst viele andere parallele Achsen erzeugt, so ist es nur möglich, die Hälfte der insgesamt vorhandenen
vierzähligen Achsen des Punktsystems zu erzeugen (etwa die durch die
Quadratzentra eines Quadratgitters gehenden). Diese Hälfte bildet die
vierzähligen Achsen von der einen Art; während die übrigen, äquidis-

tant jene Schar durchsetzenden Symmetrieachsen, nämlich diejenigen, welche durch die Quadratecken gehen, als zweite Schar (von der anderen Art) aufzufassen sind; es kann diese übrigbleibende Hälfte auf genau die gleiche Weise aus einer beliebigen ihr zugehörigen Achse mittelst der Deckschiebungen des Systems erzeugt werden wie die andere Hälfte. Im trigonalen Fall zerfallen die dreizähligen Symmetrieachsen in drei parallele, und zwar nicht gleichwertige, aber miteinander vertauschbare Scharen. Im rhombischen und monoklinen Fall zerfallen die zweizähligen Symmetrieachsen sogar in vier ebenso sich zueinander verhaltende parallele Scharen. Nur der hexagonale Typus verhält sich anders, in ihm laufen zwar den sechszähligen Hauptachsen noch dreizählige, sowie zweizählige Achsen parallel, aber die sechszähligen Achsen sind sämtlich miteinander gleichwertig, es existiert also nur eine Art derselben.

Die dritte Hauptklasse enthält nicht nur vertikale und horizontale, sondern außerdem auch schräge Symmetrieachsen, ihr gehören ausschließlich die regulären Kristalle zu.

Eine Anzahl von in diesem Kapitel beschriebenen Typen steht zu den Bravaisschen Gittern in der einfachen Beziehung, daß bei beiden die vertikalen Symmetrieachsen[1]) und die Punktgitter übereinstimmen (19 Fälle), während die Spiegelungssymmetrie (Symmetrieebenen) aufgehoben ist. Es besaßen die Bravaisschen Gitter auch nach der Einfügung von Materie noch die volle Symmetrie der Punktgitter, in den Fällen dieses Kapitels wird aber nur ein Teil dieser Symmetrie ihnen belassen; dieser Unterschied kommt eben dadurch zustande, daß wir die Gitter des vorigen Kapitels mit Kügelchen, die Gitter dieses Kapitels mit Stäbchen besetzen, welche einen Teil der Symmetrie des Punktgitters zerstören. In 11 Fällen geht sogar die Verminderung der Symmetrie so weit, daß die Drehungsachsen der Bravaisschen Gitter sich in enantiomorphe rechte und linke Schraubungsachsen auflösen, folglich gehören, wenn man die rechten und linken Gruppen getrennt numeriert, 22 Fälle hierher.

In 24 anderen Fällen sind zwar Schraubungsachsen für den Aufbau der Struktur notwendig, aber sie sind nicht an sich enantiomorph (wofür Fig. 5 ein Beispiel lieferte). Mithin werden in diesem Kapitel $22 + 24 + 19 = 65$ Fälle in Betracht kommen.

---

[1]) Für das reguläre System stimmen dann die a-, b- und c-Achsen überein. Als weitere Einteilung kann man die beiden Fälle unterscheiden, daß auch die übrigen Achsen (bei den nichtregulären die horizontalen) der Bravaisschen Gitter beibehalten werden, oder daß diese fortfallen.

2. Einteilung der Polyëdersymmetrie.

Unter den teilflächigen Symmetriegruppen beanspruchen die „enantiomorphen" Fälle der alleinigen Drehungssymmetrie (vgl. Einleit. Abschn. 6) ein besonderes Interesse, da sie hauptsächlich dazu nötigten, über die Bravaissche Theorie wegen der Existenz des optischen Drehungsvermögens hinauszugehen. Für diese Fälle wird hier die vollständige Anzahl der möglichen Typen angegeben, hingegen ist für die übrigen teilflächigen Symmetriearten nur auf einzelne der möglichen Typen kurz hingewiesen. [1]

3. Spiegelungssymmetrie der Strukturen.

Die bei den nichtenantiomorphen teilflächigen Polyëdern vorhandenen Symmetrieebenen müssen auch den betreffenden Strukturen beigelegt werden. [2] Hierbei ist aber zu beachten, daß die 22 Fälle der enantiomorphen Schraubungsgitter keine Einfügung von Symmetrieebenen gestatten. Im übrigen legt man am einfachsten die betreffenden Symmetrieebenen den Formelementen selbst bereits bei. — Nach diesen Vorbemerkungen besprechen wir die Kristallsysteme im einzelnen.

4. Triklines System.

α) Polyëder.

Die einfachen Formen der triklinen Hemiëdrie bestehen nur aus einer einzigen Fläche, wegen der Symmetrielosigkeit sind getrennte rechte und linke Kristalle bei den triklin-hemiëdrisch kristallisierenden Substanzen möglich; auch optisches Drehungsvermögen erscheint in dieser Gruppe möglich; man erkläre sich dieses in derselben Weise, wie es bei den monoklinen Kristallen im Anschluß an Fig. 10 entwickelt wird, durch die Lagerung der Stäbchen im Vergleich zu den Gitterzellen, die bei rechten und linken Kristallen spiegelbildlich sein kann.

---

[1] Auch für die holoëdrischen Fälle ist auf eine Vollständigkeit hinsichtlich der Aufzählung ihrer Strukturtypen verzichtet. Die Fälle dieses Kapitels können dazu benutzt werden, manche holoëdrischen Strukturarten abzuleiten, die im Kapitel 1 nicht erwähnt wurden, indessen würde die genauere Behandlung dieser Fälle zu weit führen.

[2] Und zwar entweder als einfache Symmetrieebenen oder als „Gleitsymmetrieebenen", bei welchen die zu spiegelnden Hälften einer Parallelverschiebung bedürfen, um zunächst in spiegelbildliche Stellung gebracht zu werden.

β) Struktur.

Symmetrieloses Gitter (Fall 1 nach Sohncke): Es existiert nur eine teilflächige Gruppe, nämlich die völlig symmetrielose[1]) (Fig. 6);

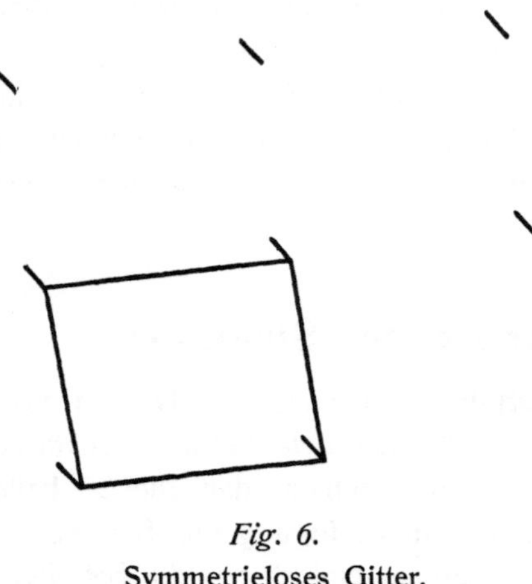

Fig. 6.
Symmetrieloses Gitter.

das Punktgitter ist identisch mit dem triklin-holoëdrischen; um das Fehlen des Symmetriezentrums zum Ausdruck zu bringen, muß man entweder das Gitter mit einem symmetrielosen Formelement besetzen (nach Schönflies) oder mehrere kongruente Gitter so ineinanderstellen, daß symmetrielose Punktgebilde sich in den einzelnen Gitterzellen ergeben[2]) (nach Sohncke und von Groth).

5. Monoklines System.

α) Polyëder.

Im monoklinen System lassen sich drei Symmetriearten unterscheiden; die Holoëdrie besitzt eine Symmetrieebene und eine auf ihr senkrechte zweizählige Symmetrieachse (vergl. Teil I), die monokline Hemimorphie nur die zweizählige Symmetrieachse, die monokline

---

[1]) Das Wort „asymmetrisch" möchte ich hier vermeiden, da es von den Chemikern in ganz anderem Sinne gebraucht wird; die Chemiker nennen ein Kohlenstoffatom „asymmetrisch", wenn seine vier Valenzen durch vier verschiedene Radikale gesättigt sind. Ein „asymmetrisches" Molekül hat keine Spiegelungssymmetrie, kann aber sehr hohe Drehungssymmetrie haben.

[2]) Es scheint mir beides auf das nämliche hinauszukommen, da die Ineinanderstellung kongruenter Gitter nur eine andere Ausdrucksweise für die Einsetzung von Formelementen in die einzelnen Gitter außerhalb der Gitterecken bedeutet. Im ersten Fall bleibt man bei einem Gitter und nimmt die Materie gewissermassen von einem ungeordneten Haufen her, um sie dem Gitter einzufügen; im zweiten Fall müßte man die Materie schon im voraus ordnen, um sie ebenfalls in Gestalt eines Gitters in alle Zellen des ursprünglich massefreien Gitters zugleich einzusetzen. Doch scheint mir diese mehrfache Gruppierung zu Gittern unnütz kompliziert, in diesem Buch wird sie daher außer Betracht gelassen. Man denke sich also die Stäbchen der Fig. 6 als Träger von symmetrielosen Formelementen.

Hemiëdrie nur die Symmetrieebene. Die Drehungssymmetrie der monoklinen Hemimorphie und Holoëdrie stimmt überein und läßt sich durch die monoklinen Gittertypen erklären, indessen ist zur Erklärung der Hemimorphie das Zweipunktschraubengitter, zur Erklärung der Holoëdrie jedes der beiden anderen Gitter vorzugsweise geeignet.

Die einfachen Formen der Hemiëdrie sind die folgenden: Ein von zwei inbezug auf die Symmetrieebene spiegelbildlich zueinander gelegenen Flächen gebildeter Keil, der sich auf eine einzelne Fläche in dem Fall reduziert, wenn die Fläche senkrecht zur Symmetrieebene ist, also das Symbol (h o l) erhält; ein Flächenpaar {0 1 0} entsteht parallel zur Symmetrieebene. Die einfachen Formen der monoklinen H e m i m o r p h i e bestehen aus einem aus zwei Flächen bestehenden Keil, der bei Drehung um die zweizählige Symmetrieachse im Betrage von 180⁰ seine Anfangsstellung wiedererlangt. Der Keil reduziert sich auf eine Einzelfläche, sowohl senkrecht zu {0 1 0} als auch parallel zu {0 1 0}.

β) Strukturen der reinen Drehungssymmetrie.

1. Gitter der klinorhombischen Prismen (Fall 4 nach S o h n c k e): In dem gleichnamigen B r a v a i s schen Gitter (stereoskopische Abbildung 3) hebe man die Symmetrieebene auf, indem man die Kugeln durch schräge zur Ebene {0 1 0} stehende Stäbchen ersetzt (Fig. 7); dadurch wird das Gitter zur Erklärung der hemimorphen Gruppe brauchbar, die Symmetrieachsen bleiben vollkommen die gleichen. Man beachte, daß in den Diagrammen Fig. 7—9 die Symmetrieachsen vertikal gestellt sind, also um 90⁰ gedreht gegen die in den stereoskopischen Abbildungen wiedergegebene gewöhnliche Aufstellung.

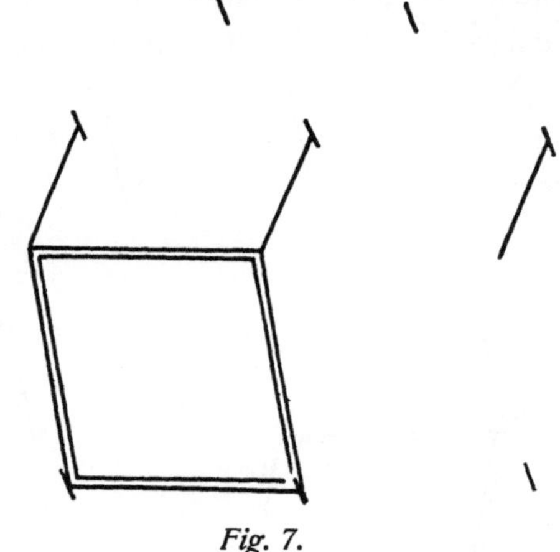

Fig. 7.

Klinorhombisches Gitter.

2. Gitter der geraden rhomboidischen Prismen (Fall 2 nach S o h n c k e): In dem gleichnamigen B r a v a i s schen Gitter ersetze man die Kugeln (vergl. stereoskopische Abbildung 2) durch Stäbchen, welche

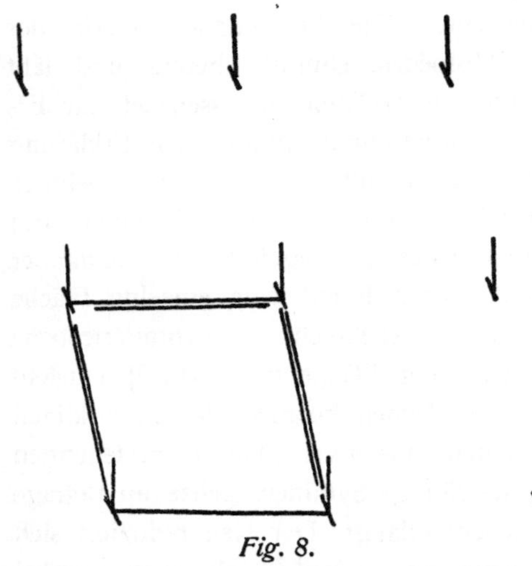

Fig. 8.

Gitter der geraden rhomboidischen Prismen.

schräg zur Symmetrieebene stehen, so daß diese fortfällt. Dann eignet sich das Gitter zur Erklärung der hemimorphen Gruppe, da die Drehungssymmetrie dieser Gruppe mit derjenigen der holoëdrischen übereinstimmt.

Das Diagramm (Fig. 8) gibt außer den Stäbchen selbst auch die durch sie hindurchgehenden vertikalen Symmetrieachsen wieder.

3. *Zweipunkt-Schraubengitter* (Fall 3 nach Sohncke): Das Gitter besitzt Zweipunkt-Schraubenachsen an Stelle der Drehungsachsen, welche in Fig. 9 in vertikaler Stellung abgebildet sind, so daß also die Ebene {010} horizontal zu liegen kommt.

Zur Erklärung dieser Struktur gelangt also zum ersten Male das in der Einleitung genannte Prinzip zur Anwendung, daß die Drehungsachsen der Kristallpolyëder durch Schraubungsachsen von gleicher Zähligkeit, welche der Struktur beigelegt werden, erklärbar sind. Wenn

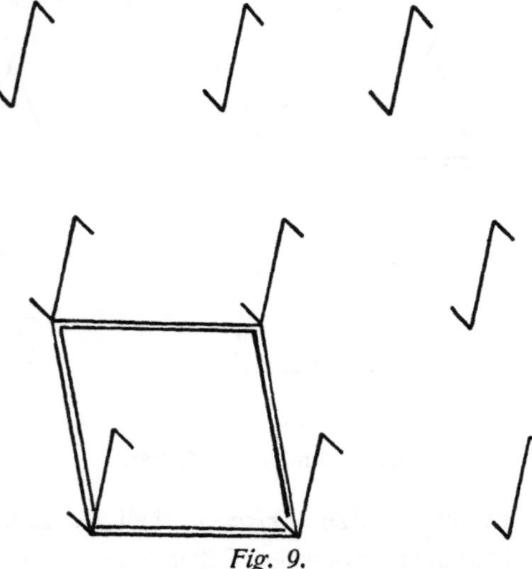

Fig. 9.

Zweipunktschraubengitter.

wir längs den Symmetrieachsen des monoklin-pinakoidalen Gitters die Stäbchen in alternierender Weise verteilen, so gelangen wir zum einfachsten Fall des Zweipunkt-Schraubensystems (Diagramm 9). Dieses System ist besonders geeignet zur Erklärung des optischen Drehungsvermögens der monoklin-hemimorphen Kristalle, es lassen sich die rechten und linken Kristalle durch zwei Raumgitter, deren Punktgitter identisch sind, erklären, während die in Gitter-ecken angebrachten Stäbchen im ersten Gitter spiegelbildlich zu denen des zweiten liegen; vgl. Fig. 10, in welcher die Schraubungsachsen hori-zontal von rechts nach links gestellt sind. Es besteht in dieser Hinsicht ein Unterschied der Zweipunktschrauben im Vergleich zu den Drei-, Vier- und Sechspunktschrauben. Bei diesen läßt sich schon an Gebilden, die lediglich aus Punkten bestehen, die gewendete Form veranschaulichen, hingegen sind die Punktgebilde, welche durch Zweipunktschrauben er-zeugt werden, stets wendungsgleich. Solche Punktgebilde erzeugen wir dadurch, daß wir einen Ausgangspunkt außerhalb der Schraubungsachse

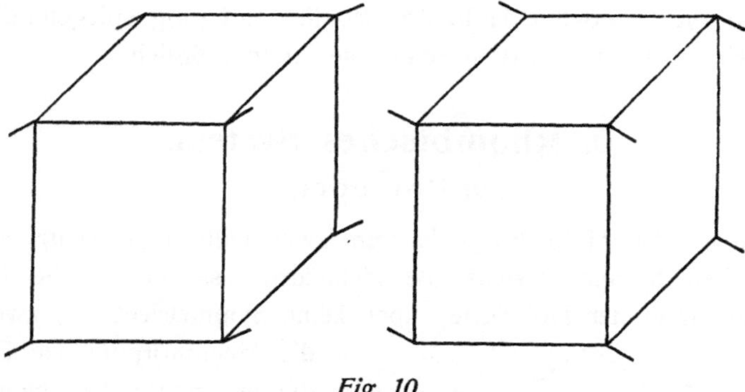

Fig. 10.

Grundkörper ($\{100\}$, $\{010\}$, $\{001\}$) im Zweipunkt-Schraubengitter.

annehmen und auf ihn die Operation der Schraubungsachse anwenden. Es ist klar, daß dadurch im Fall der Zweipunktschrauben eine Punkt-menge entsteht, welche in einer und derselben Ebene liegt, während im Fall der Drei-, Vier- und Sechspunktschrauben dreidimensionale Gebilde entstehen, welche einen Gegensatz zwischen rechts und links aufweisen. Solche Gebilde, die aber nicht mehr unter die Raumgitter fallen, benutzt Soh n cke. Wenn an Stelle der Punkte Stäbchen ge-setzt werden, so tritt dieser Enantiomorphismus auch dann zutage, wenn die Stäbchen an den Symmetrieachsen selbst angebracht werden, so daß unter dieser Voraussetzung der Begriff des Raumgitters be-sonders einfach und deutlich ist.

γ) Strukturen mit spiegelbildlicher Symmetrie.

Die eine Symmetrieebene, welche als einziges Symmetrieelement den Polyëdern der Hemiëdrie zukommt, lege man am einfachsten bereits den Formelementen bei und setze diese in eines der beiden

Gitter ein, welche aus dem triklinen dadurch hervorgehen, daß man die Gitterzellen auf die im monoklinen System vorhandenen Typen[1]) spezialisiert.[2])

Zwar existiert auch eine Erklärungsweise der Symmetrieebenen, welche analog derjenigen durch Schraubungsachsen für die Symmetrieachsen ist, doch kann in diesem Buch auf diese Fälle, welche man als die Fälle der „Gleitsymmetrieebenen" bezeichnet, nicht näher eingegangen werden.

Bei Mitberücksichtigung der Gleitsymmetrie würden sich zwei weitere Arten von Gittern für die monokline Hemiëdrie ergeben, im ganzen also vier Typen.

Für die monokline Holoëdrie ist die Einfügung spiegelbildlicher Symmetrie sogar auf sechs verschiedene Arten möglich.

6. Rhombisches System.

α) Polyëder.

Außer der Holoëdrie existieren zwei teilflächige Gruppen im rhombischen System: erstens die Hemiëdrie, sie besitzt die vollen Drehungsachsen der Holoëdrie, aber keine Symmetrieebene, zweitens die Hemimorphie, sie besitzt die Symmetrie der einen Flächenseite eines Rhombus, d. h. eine zweizählige Symmetrieachse und zwei in ihr sich schneidende aufeinander senkrechte Symmetrieebenen.

Die einfachen Formen der Hemimorphie lassen sich daher sogleich angeben, sie bestehen aus offenen Pyramiden mit rhombischem Quer-

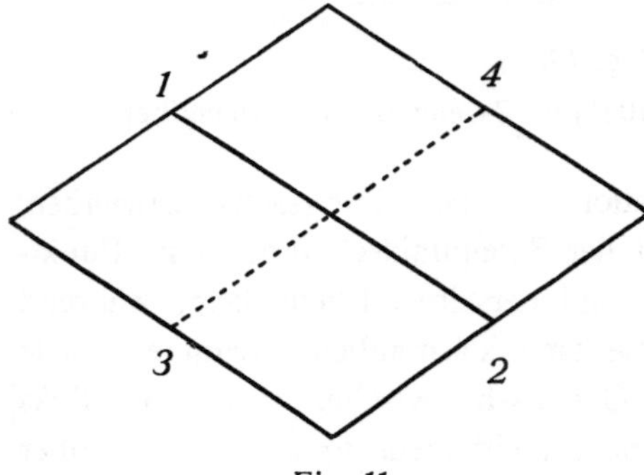

Fig. 11.

Erzeugung eines Doppelsphenoids.

---

[1]) Das eine der beiden Gitter besitzt alsdann gerade rhomboidische, das andere klinorhombische Grundkörper, hingegen läßt sich das trikline Gitter nicht auf den Typus des Zweipunkt-Schraubengitters spezialisieren.

[2]) Man darf nicht etwa einfach ein monoklines Gitter benutzen, denn dieses besitzt ja eine zweizählige Symmetrieachse, welche der Hemiëdrie fehlt. In allen Fällen muß man zum Einsetzen der Symmetrieebenen von einem Gitter ausgehen, welches nur den halben Symmetriegrad der betreffenden Gruppe besitzt, alsdann wird durch die Symmetrieebenen selbst der Symmetriegrad doppelt so groß gemacht.

schnitt (obere resp. untere Hälfte der Doppelpyramiden), die sich zu Prismen oder Flächenpaaren reduzieren, je nachdem Parallelismus der einzelnen Flächen mit einer Koordinatenachse oder mit zweien zugleich eintritt.

Die einfachen Formen der Hemiëdrie leiten wir dadurch aus einem horizontalen Rhombus ab, daß wir die Mitten zweier Gegenkanten 1 und 2 auf der Oberseite des Rhombus verbinden[1]) (Fig. 11) und die Mitten des anderen Kantenpaares 3 und 4 auf der Unterseite (in Fig. 11 gestrichelt). Nunmehr seien Brechungen längs diesen Hilfslinien ausgeführt, so daß die obere Flächenseite des Rhombus durch einen flachen Keil ersetzt erscheint und die untere durch einen ihm kongruenten Keil[2]). Das so entstandene Doppelsphenoid ist die allgemeinste Form (z. B. $\{111\}$). Werden die Flächen je einer Symmetrieachse parallel, so entstehen Prismen (3 Arten: Vertikal-, Quer- nnd Längsprismen). Tritt mit zwei Achsen zugleich Parallelismus ein, so reduziert sich die Form auf eine Fläche nebst deren Gegenfläche (3 Arten: Querflächenpaar, Längsflächenpaar, Basis). — Bei den Doppelsphenoiden kann man rechte und linke Formen unterscheiden, man braucht nur die Konstruktion der Fig. 11 dadurch abzuändern, daß man die Kantenhalbierende $1^\wedge 2$ auf der unteren, die Kantenhalbierende $3^\wedge 4$ auf der oberen Flächenseite zieht und erhält so das Doppelsphenoid $\{11\overline{1}\}$ welches mit $\{111\}$ zusammen die rhombische Doppelpyramide als Durchdringungsfigur liefern würde.

---

[1]) Es wird die Spiegelungssymmetrie des Rhombus durch diese Hilfslinien zerstört, da sie ja unsymmetrisch zu den Symmetrieebenen liegen; der Drehungssymmetrie hingegen genügen diese Hilfslinien, so daß auch das beim Brechen entstehende Polyëder aus diesem Grunde zwar die Symmetrieachsen der rhombischen Holoëdrie besitzt, aber nicht die Symmetrieebenen dieser Gruppe.

[2]) Man beachte, daß durch derartige Brechungen auch die holoëdrische Doppelpyramide erzeugt werden könnte, nur hätte man längs beiden kantenhalbierenden Linien auf der Oberseite und auch längs beiden auf der Unterseite zu brechen. Man erkennt so: beim Quadrat, Sechseck (und Dreieck) hat man längs Diagonalen und Kantenhalbierenden zugleich zu brechen, um die allgemeinste einfache Form abzuleiten, beim Rhombus hingegen kommt beides für die Holoëdrie auf das nämliche hinaus.

β) Strukturen der reinen Drehungssymmetrie.

I. Hemiëdrische Gitter mit parallelen Formelementen.

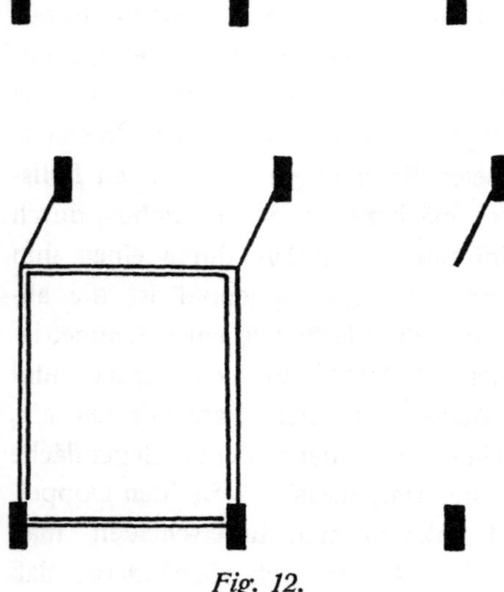

Fig. 12.
Gitter nach Rhombussäulen.

Struktur 1: *Gitter nach Rhombussäulen* (Fall 7 nach Sohncke). Diese Struktur kommt dem Bravaisschen Gitter der Rhombussäulen (stereoskopische Abbildung 6) gleich, jedoch sind die Symmetrieebenen aufzuheben, um die rhombische Hemiëdrie zu erklären, dieses geschieht z. B. durch Einsetzen von rhombischen Doppelsphenoiden in die Gitterecken, oder von Kugeln, die nach Art solcher Doppelsphenoide geteilt sind.

Struktur 2: *Gitter der rechteckigen Säulen* (Fall 5 nach Sohncke). Diese Struktur entspricht dem Bravaisschen Gitter der rechtwinkligen Parallelepipede, nur sind, um die rhombische Hemiëdrie zu erklären, die Symmetrieebenen zu beseitigen, z. B. durch Einsetzen von rhombischen Doppelsphenoiden in die Gitterecken, oder sonstigen Formen, deren Symmetrie rhombisch-hemiëdrisch ist.

Fig. 13.
Gitter der rechteckigen Säulen.

Struktur 3: *Gitter der Oblongoktaëder* (Fall 10 nach Sohncke). Das Punktgitter stimmt mit dem Bravaisschen Gitter der zentrierten Pinakoide (stereoskopische Abbildung 5) überein. Um es auf die rhombische Hemiëdrie zu übertragen, müssen die Symmetrieebenen fortfallen; z. B. indem man die Gitterecken mit rhombischenDoppelsphenoiden umstellt.

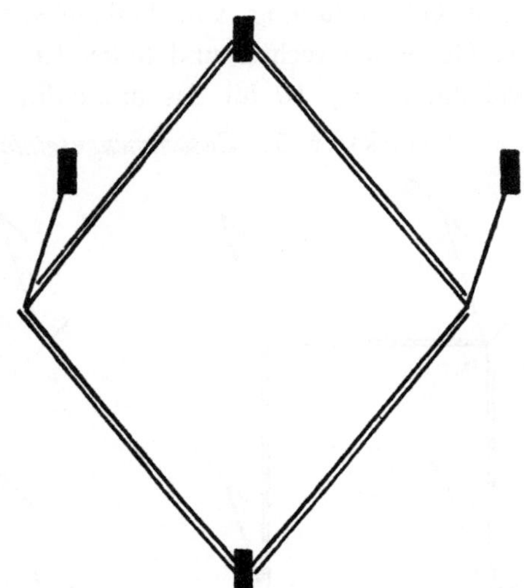

Fig. 14.
Gitter der Oblongoktaëder.

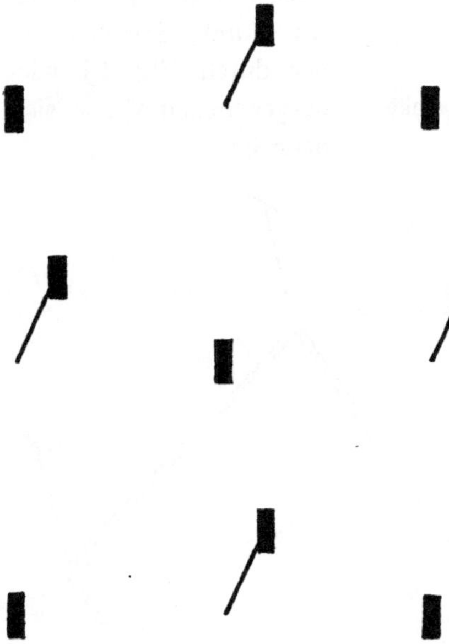

Fig. 15.
Gitter der Rhombenoktaëder.

Struktur 4: *Gitter der Rhombenoktaëder* (Fall 8 nach Sohncke). Das Gitter kommt dem Bravaisschen Gitter der zentrierten rhombischen Prismen gleich, nur sind zur Erklärung der rhombischen Hemiëdrie die Symmetrieebenen aufzuheben; dieses geschieht z. B. beim Ersatz der Kügelchen durch rhombische Doppelsphenoide. Die im Diagramm15 fortgelassene Schnittfigur von Grundkörper und Zeichnungsebene ist ein Rechteck, genau so wie in Fig. 13.

II. Hemiëdrische Gitter mit alternierenden Formelementen.

Diese Abteilung enthält diejenigen Fälle, in denen Schraubungsachsen zur Erzeugung des Gitters aus einem Ausgangselement nötig sind, jedoch führen hier ebensowenig wie im monoklinen System die Schraubungsachsen unmittelbar zu enantiomorphen Punktgebilden, doch bei Einfügung von Linienelementen oder Bausteinen läßt sich der Gegensatz rechter und linker Kristalle ebenso anschaulich machen, wie durch Fig. 10 für das monokline System.

Struktur 5: *Zusammengesetztes rechteckiges Zweipunkt-Schraubungsgitter* (Fall 6 nach Sohncke). Diese Struktur leitet sich aus dem Bravaisschen Gitter der rechtwinkligen Parallelepipede dadurch ab, daß man Zweipunkt-Schraubungsachsen in vertikaler Richtung an Stelle der zweizähligen Drehungsachsen setzt, es läßt dieses durch Stäbchen in der durch Fig. 16 wiedergegebenen Weise sich darstellen.

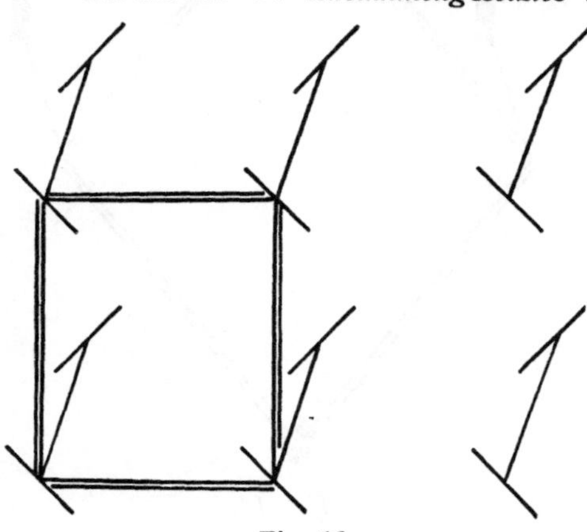

Fig. 16.

Zusammengesetztes rechteckiges Zweipunkt-Schraubungsgitter.

Struktur 6: *Zusammengesetztes rhombisches Zweipunkt-Schraubungsgitter* (Fall 9 nach Sohncke). Auch dieses Modell entspricht der Achsensymmetrie der rhombischen Hemiëdrie, es kann aus dem Zweipunktschrauben-System durch Einfügung horizontaler zweizähliger Drehungsachsen erzeugt werden und stellt die vertikale Drehungsachse rhombischer Kristalle durch zweizählige Schraubungsachsen dar. Daher stimmt die Gruppierung der Symmetrieachsen mit keinem Bravaisschen Fall überein, leitet sich aber aus dem Bravaisschen Gitter der Rhombussäulen bei Umwandlung der vertikalen Drehungsachsen in Schraubungsachsen ab.

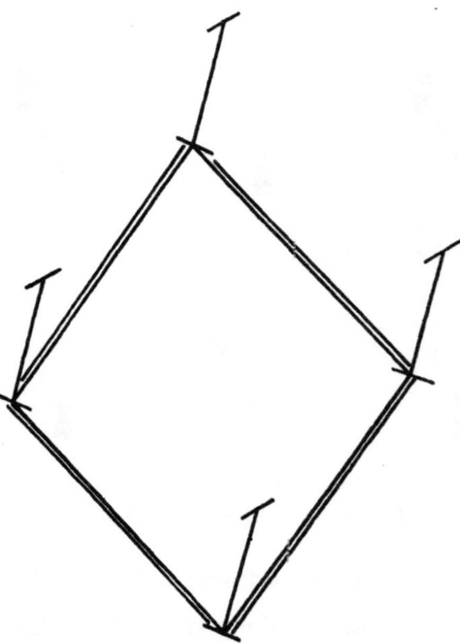

Fig. 17.

Zusammengesetztes rhombisches Zweipunkt-Schraubungsgitter.

Struktur 7: *Rhombisches Gegenschraubengitter* (Fall 11 nach Sohncke). Dieses Gitter ist ebenfalls zur Erklärung der rhombisch-hemiëdrischen Kristalle geeignet (Fig. 18). Es existieren in dem Gitter Schnittpunkte von drei paarweise aufeinander senkrechten zweizähligen Achsen, aber diese Symmetrieachsen sind nicht durchweg Drehungsachsen, sondern zum Teil auch Schraubungsachsen, daher existiert kein B r a v a i s scher Fall für die Gruppierung der Symmetrieachsen, aber es läßt sich das Gitter aus dem B r a v a i s schen Fall der zentrierten Rhombusprismen (Oblongoktaëder) durch Einführung vertikaler Schraubungsachsen an Stelle der Drehungsachsen leicht ableiten.

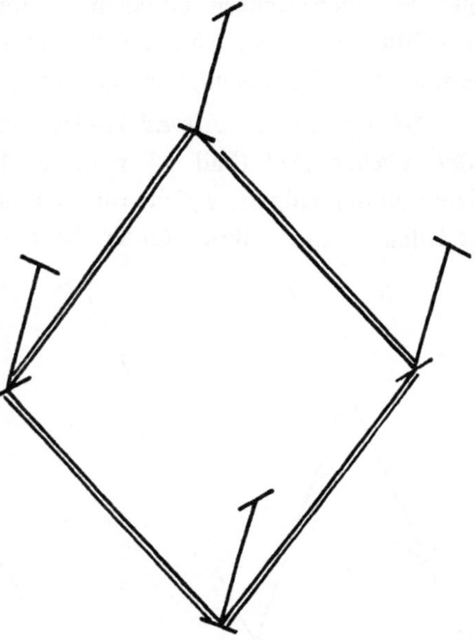

Fig. 18.

Rhombisches Gegenschraubengitter.

Struktur 8: *Abwechselndes rechteck. Zweipunkt-Schraubengitter erster Art* (Fall 12 nach S o h n c k e). Auch dieses Gitter gibt die Symmetrie der rhombischen Hemiëdrie wieder, oder — wenn man so sagen will — die A c h s e n symmetrie der rhombischen Holoëdrie. Es entsteht aus dem Zweipunkt-Schraubengitter durch Hinzufügung einer horizontalen zweizähligen Symmetrieachse, die aber anders gelegt ist als bei dem sonst ähnlichen zusammengesetzten rechteckigen Zweipunkt-Schraubengitter. Wie Diagramm 19

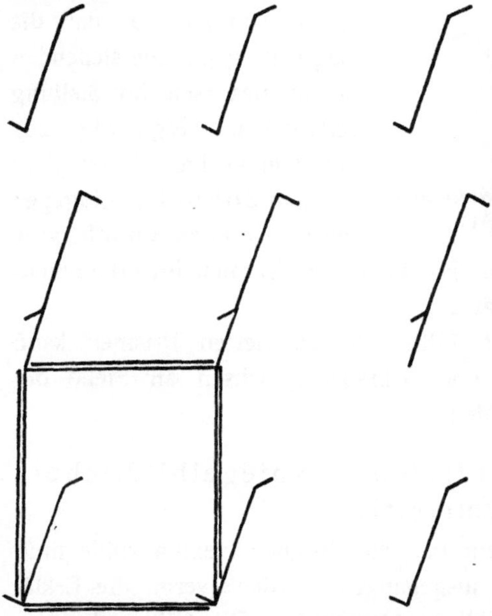

Fig. 19. Abwechselndes rechteckiges Zweipunkt-Schraubengitter erster Art.

zeigt, schneidet eine horizontale Ebene niemals die sämtlichen vertikalen Symmetrieachsen zugleich in materiellen Punkten, sondern nur die Hälfte derselben, während die andere Hälfte in der Mitte zwischen benachbarten Formelementen getroffen wird.

Struktur 9: *Abwechselndes rechteckiges Zweipunkt-Schraubengitter zweiter Art* (Fall 14 nach Sohncke). Dieses Gitter ist das letzte von denjenigen, welche die Symmetrie der rhombischen Hemiëdrie darstellen. Auch dieses Gitter kann — ähnlich wie das vorige — aus dem Zweipunkt-Schraubengitter durch Einfügung einer horizontalen Symmetrieachse entstehen; der Unterschied beider Gitter beruht nur in der Lage der Symmetrieachse: sie ist zur Erzeugung des jetzigen Systems so zu legen, daß niemals zwei benachbarte ungleichartige Symmetrieachsen des Zweipunkt-Schraubengitters sich bei den hinzukommenden zweizähligen Drehungen vertauschen, sondern so, daß die diagonal gegenüberstehenden Symmetrieachsen ihre Stellung vertauschen (vergl. Fig. 20). Bei dem vorigen Gitter (Fall 12 nach Sohncke) hingegen tauschen je zwei benachbarte

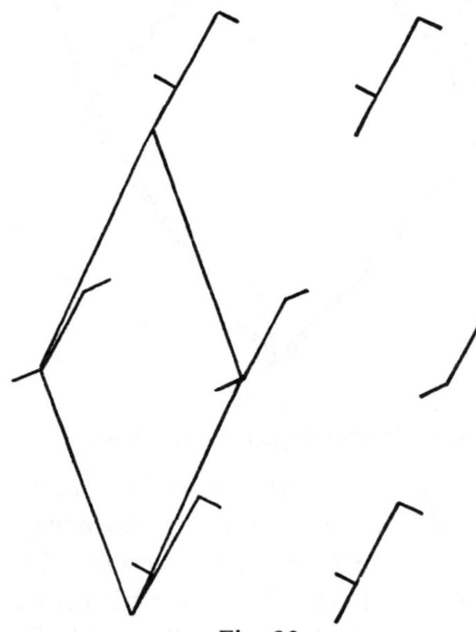

Fig. 20.

Abwechselndes rechteckiges Zweipunkt-Schraubengitter zweiter Art.

ungleichartige Symmetrieachsen ihre Lage bei den neu hinzukommenden zweizähligen Drehungen aus.

Aus dem Bravaisschen Gitter der zentrierten Prismen kann dieser Fall durch Einfügung von Schraubungsachsen an Stelle der Drehungsachsen abgeleitet werden.

γ) **Strukturen bei hinzutretender spiegelbildlicher Symmetrie.**

Zur Ableitung der Struktur der rhombischen Hemimorphie muß von den monoklinen Gittern ausgegangen werden (vergl. die Erklärungen zur Struktur der monoklinen Hemiëdrie). Die Gitterzellen der monoklinen Gitter müssen so spezialisiert werden, daß sie die Gestalt

rhombischer Gitterzellen annehmen. In diese Gitter setze man Formelemente ein, denen man am einfachsten von vornherein die beiden
Symmetrieebenen der Gruppe beilegt; man kann aber auch durch
Gleitsymmetrie (vergl. Abschn. 5 γ) die Symmetrieebenen erklären. Im
ganzen ergeben sich alsdann 22 Fälle.

, Wollte man in gleicher Vollständigkeit die verschiedenen Möglichkeiten für die rhombische Holoëdrie ableiten, so würden sich
28 Fälle ergeben.

7. Trigonale Abteilung des hexagonalen Systems.

α) Polyëder mit alleiniger Drehungssymmetrie.

a) *Trapezoëdrische Tetartoëdrie.* Ebenso wie die rhombische
Hemiëdrie durch die Drehungssymmetrie eines Rhombus gekenn-
zeichnet war, existiert auch eine Gruppe,
welche die Drehungssymmetrie des gleichseitigen Dreiecks wiedergibt (z. B. der
Quarz kristallisiert in ihr); wir wollen
durch Brechung des Dreiecks die allgemeinste Form dieser Gruppe ableiten.
Man zeichne auf die Oberseite des horizontalen Dreiecks irgend drei Radien,
welche 120⁰ miteinander bilden (Fig. 21),
dann drehe man das Dreieck um eine
Höhenlinie im Betrage von 180⁰ und
zeichne auf die gleichen Stellen von neuem
die drei Radien, so daß sie auf der an-

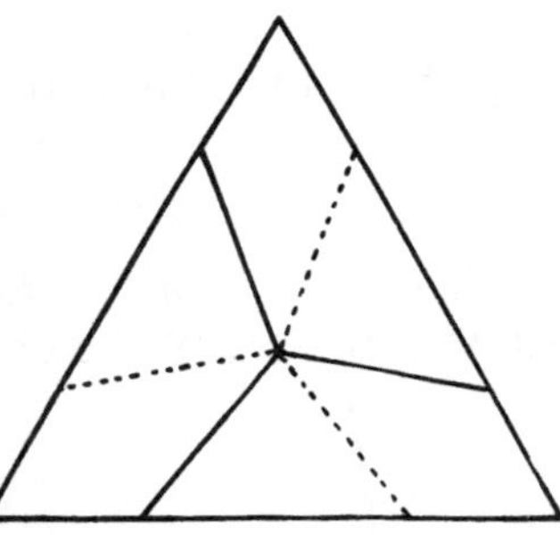

Fig. 21.

Erzeugung des trigonalen
Trapezoëders.

fänglichen Unterseite des Dreiecks sich befinden (in Fig. 21 gestrichelt);
diese sechs Hilfslinien genügen folglich der dreizähligen sowie auch
den zweizähligen Achsen des Dreiecks. Längs diesen Hilfslinien führe
man Brechungen im gleichen Betrage aus, so daß eine nach oben und
eine nach unten sich öffnende dreiflächige Ecke entsteht, deren sechs
Durchdringungskanten (Randkanten) mit ihrer einen Hälfte über die
Dreiecksebene aufsteigen, mit der anderen Hälfte unter sie sich neigen.
Diese Formen heißen trigonale Trapezoëder, sie sind enantiomorph;
rechnet man die gestrichelten Hilfslinien der Fig. 21 der oberen, die
voll ausgezogenen Hilfslinien der unteren Dreiecksebene zu, so erzeugt man an Stelle des ursprünglichen Trapezoëders das gewendete.
Spezielle Fälle dieser Formen sind: Trigonale Doppelpyramiden

(sie entstehen, wenn die Hilfslinien durch die Ecken des ursprünglichen Dreiecks gelegt werden), Rhomboëder, ditrigonale Prismen, trigonale Prismen, Basis.

Die Bezeichnung der Gruppe als Tetartoëdrie erklärt sich dadurch, daß sie eine halbflächige Gruppe des rhomboëdrischen Falls ist, der aber selbst als halbflächige Gruppe der hexagonalen Holoëdrie gelten kann.

b) *Ogdoëdrie.* Diese Gruppe (in welcher z. B. Natriumperjodat kristallisiert) enthält kein weiteres Symmetrieelement, als die dreizählige Drehungsachse des gleichseitigen Dreiecks, ihre allgemeinste Form besteht aus der oberen bezw. unteren Hälfte des unter a) beschriebenen Trapezoëders, d. h. einfach aus einer regelmäßig dreiflächigen Ecke (offene Pyramide). Rückt die Spitze der Ecke in unendliche Ferne, so entsteht das trigonale Prisma als spezieller Fall; wenn die drei Flächen der Pyramide zusammenfallen, entsteht die Basis.

β) Strukturen mit reiner Drehungssymmetrie.

a) Hexagonale Ogdoëdrie.

(Gitter ohne horizontale Achsen.)

Struktur 1 und 2: *Rechtes und linkes Dreipunkt-Schraubengitter* (Fall 15—16 nach Sohncke). An Stelle der dreizähligen Drehungsachsen der Polyëder sind Dreipunkt - Schraubenachsen der Struktur getreten.

Das Gitter kann z. B. zur Erklärung der Natriumperjodat-Kristalle benutzt werden, da seine Symmetrie mit derjenigen dieses Stoffes übereinstimmt und weil durch seinen Enantiomorphismus auch das optische Drehungsvermögen dieses Stoffes leicht erklärbar ist.

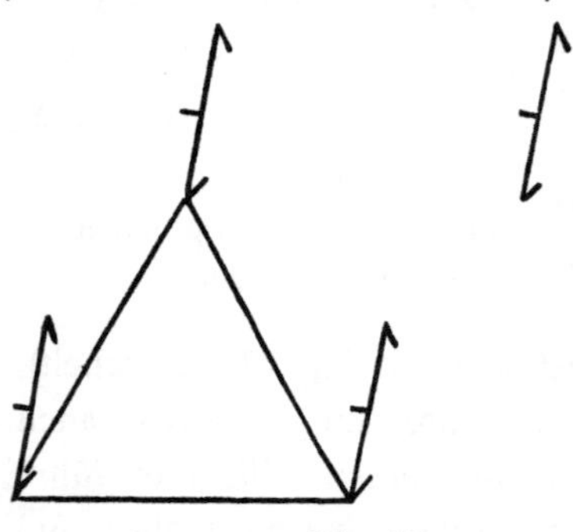

Fig. 22.

Hexagonale Ogdoëdrie.

Die Symmetrieachsen durchstoßen eine jede Horizontalebene in gleichseitig-dreiseitigen Netzen und können — da sie nur Schraubungsachsen sind — nicht mit denen eines Bravaisschen Falles identisch sein, sie leiten sich aber aus dem Bravaisschen Gitter der dreiseitigen Prismen (stereoskopische Abbildung Nr. 10) durch alternierende Stellung der Formelemente ab.

Struktur 3: *Dreiseitiges Säulensystem* (Fall 17 nach Sohncke). Die Zähligkeit der Hauptachsen und ihre Stellung im Raume stimmt ganz mit dem Bravaisschen Raumgitter der dreiseitigen Prismen überein (stereoskopische Abbildung Nr. 10). Den Formelementen kommen dreizählige Symmetrieachsen, jedoch keine Symmetrieebenen zu, solange es sich um die Erklärung der hexagonalen Ogdoëdrie handelt, dementsprechend sind die kleinen Dreiecke in der beigefügten Figur gegen die Verbindungsebenen der Symmetrieachsen um einen beliebigen Winkel gedreht, so daß die Symmetrieebenen, welche dem Punktgitter innewohnen, durch die Orientierung der Formelemente aufgehoben erscheinen, sowie auch die horizontalen Symmetrieachsen.

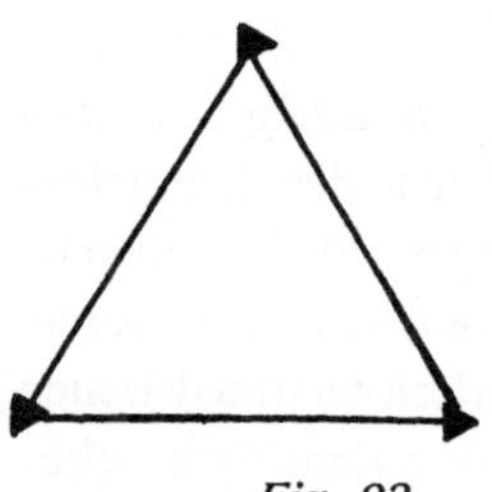

Fig. 23.
Dreiseitiges Säulensystem.

Struktur 4: *Gitter der Rhomboëder* (Fall 18 nach Sohncke). Die dreizähligen Symmetrieachsen und die Art ihrer Aufeinanderfolge stimmt ganz mit dem Bravaisschen Raumgitter der Rhomboëder überein (stereoskopische Abbildung Nr. 11), die Formelemente besitzen aber keine Symmetrieebenen und keine zweizähligen Achsen, so daß sie — ebenso wie im vorigen Fall — bei Annahme von Dreiecksform in beliebigem Winkel gegen die Verbindungsebenen der Hauptachsen gedreht sein können.

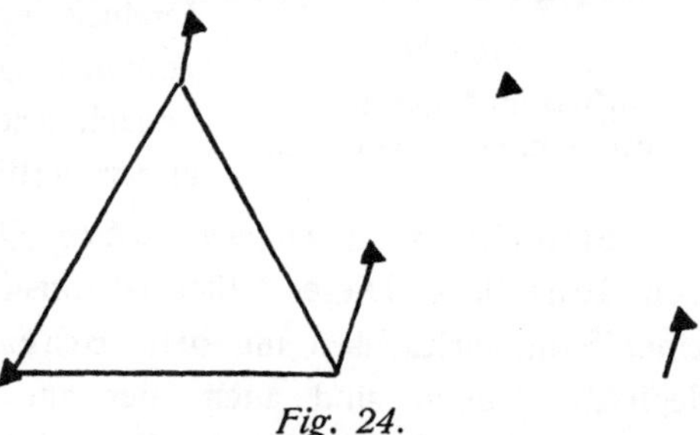

Fig. 24.
Gitter der Rhomboëder.

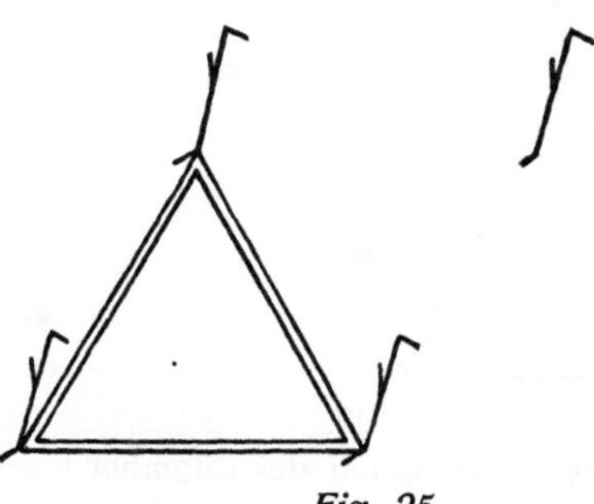

Fig. 25.
Rechtes und linkes zusammengesetztes
Dreipunkt-Schraubengitter.

b) Hexagonale trapezoëdrische Tetartoëdrie.

(Gitter mit horizontalen zweizähligen Symmetrieachsen.)

Struktur 1 u. 2: *Rechtes und linkes zusammengesetztes Dreipunkt-Schraubengitter* (Fall 19—20 nach Sohncke). Das Gitter kann z. B. zur Erklärung des Quarzes benutzt werden, da die Symmetrieachsen und auch der Enantiomorphismus den Kristallen dieses Minerals entspricht. Es entsteht aus dem Dreipunkt-Schraubengitter (Fig. 22) ohne weiteres beim Hinzutreten horizontaler Symmetrieachsen, welche in Figur 25 durch die Stellung der Stäbchen angedeutet sind. Es sind die Stäbchen in die Verbindungsebenen benachbarter Hauptachsen so hineingelegt, daß sie durch zweizählige Drehung um die horizontalen Achsen ihre Lage nicht ändern.

Struktur 3: *Zusammengesetztes Gitter der dreiseitigen Säulen* (Fall 21 nach Sohncke). Das Gitter stimmt hinsichtlich der Symmetrieachsen völlig mit dem Bravaisschen Fall der dreiseitigen Prismen überein, doch sind den Formelementen keine Symmetrieebenen beizulegen, solange es sich um die Erklärung der trapezoëdrisch-tetartoëdrischen Symmetrie handelt. Aus dem Sohnckeschen Fall 17 kann das Gitter durch Hinzukommen horizontaler zweizähliger Symmetrieachsen abgeleitet werden, denen in dem jetzigen Diagramm dadurch genügt wird, daß die als Formelemente gewählten Dreiecke symmetrisch zu denjenigen horizontalen Gitterkanten liegen, welche die benachbarten dreizähligen Achsen miteinander verbinden.

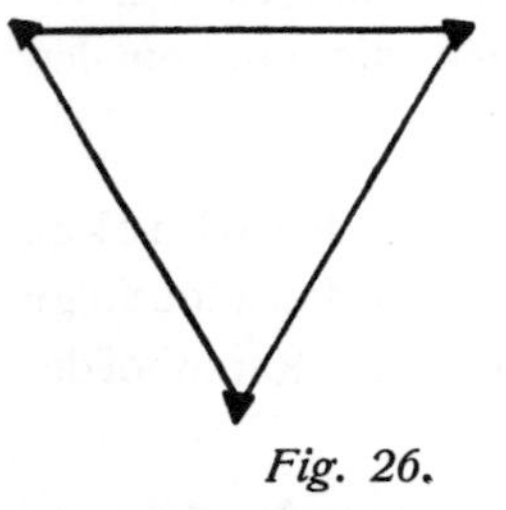

Fig. 26.

Zusammengesetztes
dreiseitiges Säulengitter.

Struktur 4: *Zusammengesetztes Gitter der Rhomboëder* (Fall 22 nach Sohncke). Dieses Gitter ist hinsichtlich der Lage und Zähligkeit seiner Symmetrieachsen mit dem Bravaisschen Fall der Rhomboëder identisch; jedoch sind auch hier zur Erklärung der trapezoëdrisch-tetartoëdrischen Symmetrie die Formelemente als frei von Symmetrieebenen zu denken. Das Gitter wird aus dem Fall 18 Sohnckes durch Hinzukommen horizontaler Symmetrieachsen abgeleitet; diese sind in dem beigefügten Diagramm daran zu erkennen, daß die Seiten der als Formelemente gewählten Dreiecke parallel zu den Verbindungslinien benachbarter Achsenpunkte liegen.

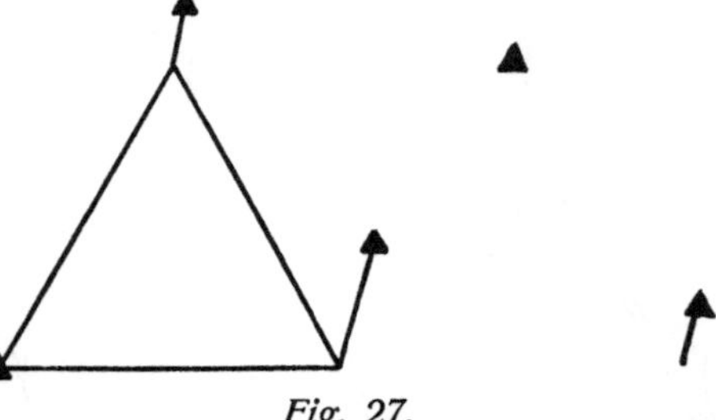

Fig. 27.

Zusammengesetztes Gitter der Rhomboëder.

Struktur 5 und 6: *Rechtes (bezw. linkes) abwechselndes Dreipunkt-Schraubengitter* (Fall 23, 24 nach Sohncke). Das Gitter kann ebensogut wie Fall 19—20 Sohnckes zur Erklärung des Quarzes benutzt werden, da es die Symmetrieachsen und den Enantiomorphismus der Quarzkristalle wiedergibt. Es hat auch mit Fall 19 (bezw. 20) die Erzeugbarkeit aus dem Dreipunkt-Schraubensystem durch Einfügung einer horizontalen, zweizähligen Drehungsachse gemeinsam, und zwar entsteht Fall 19—20, wenn bei Umklappung um dieselbe sich nur gleichartige Achsen des Dreipunkt-Schraubensystems miteinander vertauschen. Die zweite Möglichkeit besteht darin, daß nicht nur gleichartige Achsen bei den Umklappungen miteinander vertauscht werden, sondern daß jede Achse dorthin gelangt, wo eine ihr un-

gleichartige sich vor der Umklappung befand; diese Lage der Umklappungsachsen ist bei dem jetzigen Punktsystem (Fig. 28) vorhanden. Mit einem Bravaisschen Fall stimmen die Drehungsbewegungen dieser Punktsysteme nicht überein, hingegen ist die Lage der Symmetrieachsen identisch mit dem Bravaisschen Gitter der dreiseitigen Prismen.

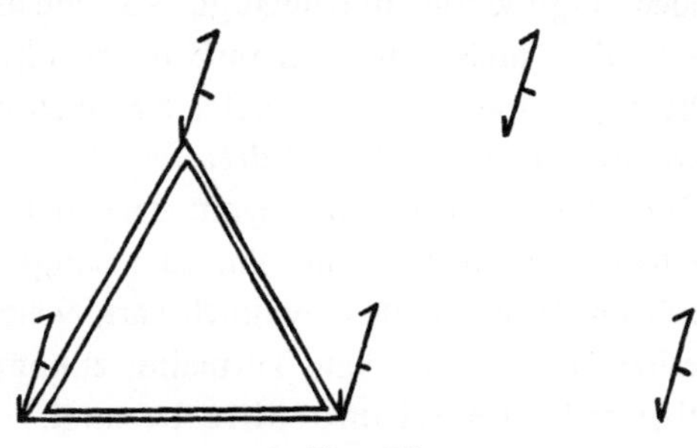

Fig. 28.

Rechtes und linkes abwechselndes Dreipunkt-Schraubengitter.

Struktur 7: *Abwechselndes dreiseitiges Säulengitter* (Fall 25 nach Sohncke). Das Gitter ist aus dem einfachen dreiseitigen Säulengitter (Fig. 23) durch Einfügung einer zweizähligen horizontalen Symmetrieachse erzeugbar und weist hinsichtlich der Lage dieser horizontalen Achse den gleichen Unterschied vom zusammengesetzten dreiseitigen Säulensystem auf, durch welchen sich auch das abwechselnde Dreipunkt-Schraubensystem vom zusammengesetzten Dreipunkt-Schraubensystem unterscheidet. Von dem Bravaisschen Raumgitter der dreiseitigen Prismen unterscheidet es sich nur durch die Beschaffenheit der

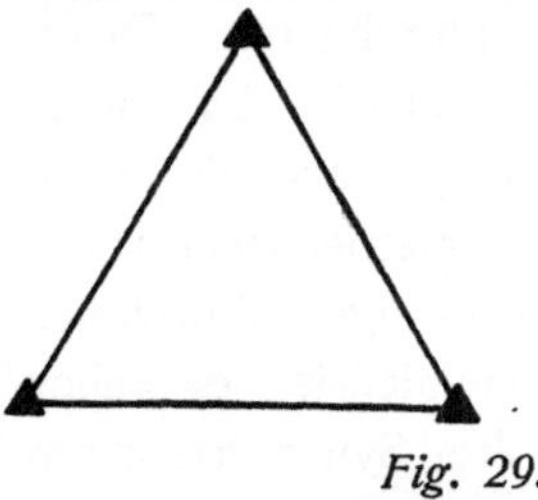

Formelemente, denen jetzt zur Erklärung der trapezoëdrischen Tetartoëdrie keine Symmetrieebenen aber horizontale zweizählige Symmetrieachsen zuzuschreiben sind, welche in dem Diagramm 29 mit den Seiten des eingezeichneten Dreiecks parallel laufen.

Fig. 29.

Abwechselndes Gitter der dreiseit. Säulen.

γ) Trigonale Polyëder mit hinzutretender spiegelbildlicher Symmetrie.

Wird zur Drehungssymmetrie des Dreiecks, d. h. zur Symmetrie der trapezoëdrischen Tetartoëdrie (Symmetriegruppe des Quarzes) die Bedingung hinzugefügt, daß zu jeder Fläche eine gleichwertige Gegenfläche existiert, so entsteht die Symmetriegruppe des Kalkspats (Symmetrie von Dreieck plus Gegendreieck). Die Formen dieser Gruppe waren bereits auf Seite 26 besprochen. Wird die gleiche Bedingung — das sogenannte Symmetriezentrum — zur Symmetrie der hexagonalen Ogdoëdrie hinzugefügt, so entsteht die Symmetriegruppe des Dolomit, meist als rhomboëdrische Tetartoëdrie bezeichnet. Diese Gruppe besitzt keinerlei Symmetrieebenen, während der Gruppe des Kalkspats zugleich drei vertikale Symmetrieebenen zukommen. Fügt man aber in die Symmetrie der hexagonalen Ogdoëdrie eine vertikale Symmetrieebene ein, so gelangt man zu einer kein Symmetriezentrum aufweisenden Symmetrieart, welche aber drei Symmetrieebenen besitzt und z. B. dem Turmalin zukommt, sie wird passenderweise trigonale Tetartomorphie benannt.

Fügt man in die trapezoëdrisch tetartoëdrische Gruppe eine vertikale Symmetrieebene ein — aus welcher die dreizählige Achse sogleich drei vertikale Symmetrieachsen macht —, so kann das auf zweierlei Weise geschehen; entweder gehen die drei vertikalen Symmetrieebenen durch die zweizähligen Achsen hindurch, oder sie liegen so, daß sie Winkel von je zweien dieser Achsen halbieren. Dieser letztere Fall ist nichts anderes als eine abstraktere Ausdrucksweise für die auf Seite 26 beschriebene Erzeugung der Skalenoëder; diese Formen werden dort aus Rhomboëdern durch eine längs ihren Diagonalen erfolgende Brechung von Rhomboëderflächen erzeugt. Eine solche Brechung kommt aber der Hinzunahme von drei vertikalen Symmetrieebenen gleich, welche durch die Randecken der Rhomboëder gehen und daher mitten zwischen den zweizähligen Symmetrieachsen liegen, welche durch die Mittelpunkte der Randkanten hindurchgehen. Dieser Fall führt also auf die rhomboëdrische Hemiëdrie zurück; der andere Fall hingegen ist noch nicht behandelt, in ihm liegen also die zweizähligen Symmetrieachsen innerhalb der vertikalen Symmetrieebenen selbst. Dieser Fall gibt die Gesamtsymmetrie eines gleichseitigen (horizontal gestellten) Dreiecks wieder und heißt trigonale Hemiëdrie; es gehen in der Tat beim Dreieck durch die Höhenlinien drei Symmetrieachsen und Symmetrieebenen hindurch. Im Anschluß hieran läßt sich der

Unterschied zwischen rhomboëdrischer und trigonaler Hemiëdrie folgendermaßen ausdrücken: Bei der trigonalen Hemiëdrie liegen die drei horizontalen Symmetrieachsen längs den Schnittkanten der Basis {0001} mit den vertikalen Symmetrieebenen, bei der rhomboëdrischen Hemiëdrie liegen die drei horizontalen Symmetrieachsen mitten zwischen den genannten Schnittkanten; durch diese Lage wird von selbst das Symmetriezentrum bedingt, hingegen fehlt der trigonalen Hemiëdrie das Symmetriezentrum, statt dessen kommt ihr aber eine horizontale Symmetrieebene zu.

Der Symmetriegrad von rhomboëdrischer und trigonaler Hemiëdrie ist der gleiche; wenn man ein trigonales System von dem hexagonalen abtrennen will, so kann man ebensogut die eine wie die andere dieser beiden Gruppen als die vollflächige auffassen und hätte eine Ausnahme von der Regel, daß sich aus der vollflächigen alle anderen Gruppen des Systems durch Verminderung der Symmetrie ableiten lassen. Daher ist es besser, die trigonalen Gruppen nur als eine Abteilung des hexagonalen Systems aufzufassen; nur die dieser Auffassung entsprechende Bezeichnungsweise der Gruppen ist hier angegeben.

Es ergibt sich bei der trigonalen Hemiëdrie die Existenz einer horizontalen Symmetrieebene als notwendige Folge des Einfügens der drei vertikalen Symmetrieebenen; man würde daher aus der trapezoëdrischen Tetartoëdrie keinen neuen Fall durch Einfügung einer horizontalen Symmetrieebene erhalten, sondern nur zur trigonalen Hemiëdrie nochmals gelangen. Hingegen läßt sich aus der Ogdoëdrie durch Einfügung einer horizontalen Symmetrieebene ein neuer Fall ableiten, man bezeichnet ihn als trigonale Tetartoëdrie. Übrigens sind sowohl für die trigonale Hemiëdrie als auch für die trigonale Tetartoëdrie nur sehr wenige Beispiele bekannt, während die rhomboëdrische Hemiëdrie eine äußerst verbreitete Kristallgruppe ist. Nunmehr stellen wir die sieben trigonalen Fälle in folgender Tabelle zusammen, um alsdann zur Beschreibung der einfachen Formen überzugehen.

Aus der Drehungssymmetrie des Dreiecks leiten sich ab:

	durch Hinzunahme von		
	Symmetriezentrum	vertikaler Symmetrieebene	horizontaler Symmetrieebene
a) Aus der vollen Drehungssymmetrie(=Trapezoëdrische Tetartoëdrie)	Rhomboëdr. Hemiëdrie	Trigonale Hemiëdrie	
b) Aus derjenigen der Hauptachse allein (= Ogdoëdrie) .	Rhomboëdr. Tetartoëdrie	Trigon. Tetartomorphie	Trigon. Tetartoëdrie

4*

a) *Rhomboëdrische Tetartoëdrie:* Die allgemeinste Form wird von einer regelmäßig-dreiflächigen Ecke nebst deren Gegenflächen, also von einem Rhomboëder gebildet, das als Rhomboëder erster Art $\{10\bar{1}1\}$ oder zweiter Art $\{11\bar{2}1\}$ bezeichnet wird, wenn seine Flächen die Horizontalebene parallel zu einer Koordinatenachse oder parallel zu je einer Mittellinie des horizontalen Achsenkreuzes durchschneiden; die übrigen Rhomboëder heißen „von dritter Art". Die Rhomboëder können sich zu sechsseitigen Prismen spezialisieren, wenn ihre Spitze ins Unendliche rückt und zu einem Flächenpaar, wenn die Ausgangsfläche horizontal liegt.

b) *Trigonale Tetartomorphie:* Zur Erzeugung der allgemeinsten Form konstruiere man eine gerade Pyramide über einem gleichseitigen Dreieck und breche ihre Flächen längs den Höhenlinien in gleichem Betrage; so entsteht eine als „ditrigonale Pyramide", bezeichnete, offene Form, die sich auf eine trigonale Pyramide erster Art $\{10\bar{1}1\}$ und auf eine hexagonale Pyramide zweiter Art $\{11\bar{2}1\}$ reduzieren kann. Als Prismen und Basis treten auf: ditrigonale Prismen $\{hk\bar{i}0\}$, trigonale Prismen erster Art $\{10\bar{1}0\}$, hexagonale Prismen zweiter Art $\{11\bar{2}0\}$, endlich das Flächenpaar $\{0001\}$.

c) *Trigonale Hemiëdrie:* Die allgemeinsten Formen unterscheiden sich von denen der vorigen Gruppe (b) nur dadurch, daß Doppelpyramiden an die Stelle der offenen Pyramiden treten, und bestehen folglich aus ditrigonalen Doppelpyramiden, die sich auf trigonale Doppelpyramiden erster Art $\{10\bar{1}1\}$, und hexagonale Doppelpyramiden zweiter Art $\{11\bar{2}1\}$ spezialisieren können. Prismen und Basis haben genau den gleichen Umriß wie im vorigen Fall.

d) *Trigonale Tetartoëdrie:* Die allgemeinsten Formen sind trigonale Doppelpyramiden dritter Art, welche je nach der Stellung der Koordinatenachse als trigonale Doppelpyramiden erster oder zweiter Art aufgefaßt werden können. Beim Hinausrücken der Spitze ins Unendliche entstehen trigonale Prismen erster, zweiter oder dritter Art, bei horizontaler Lage der Flächen die aus Fläche und Gegenfläche bestehende Basis.

δ) **Strukturen mit hinzutretender spiegelbildlicher Symmetrie.**

Um einfachste Beispiele für die Struktur der soeben besprochenen Symmetriearten zu erhalten, lege man den Formelementen die inversen Symmetrieelemente der unter a—d genannten Polyëder bei und bringe derartige Formelemente in den Ecken der trigonalen Raumgitter (vergl. Fig. 22 ff.) an.[1]) Erfolgt dieses in systematischer Weise, so ergeben sich hierdurch Erklärungsmöglichkeiten für alle in Betracht kommenden Gruppen; die Gesamtheit der Fälle erhält man aber nur bei Hinzunahme von Gleitsymmetrieebenen[2]) (Seite 12), man kommt hierdurch auf 19 Erklärungsmöglichkeiten im ganzen.

8. Tetragonales System.

α) Polyëder mit alleiniger Drehungssymmetrie.

a) *Tetragonale trapezoëdrische Hemiëdrie:* Diese Gruppe besitzt die volle Drehungssymmetrie der Holoëdrie, aber keine einzige Symmetrieebene. Zur Ableitung ihrer allgemeinsten Form aus dem Quadrat verfahre man mit diesem genau so, wie Fig. 21 für das Dreieck zeigte: man lege durch den Mittelpunkt des Quadrats vier unter 90° aufeinanderfolgende Strahlen über das Quadrat, klappe es alsdann um und lege nochmals vier ebensolche Strahlen auf die Quadratebene, d. h. auf die ursprünglich untere Flächenseite. Längs diesen acht Hilfslinien breche man das Quadrat, so daß es von einer oberen vierflächigen Ecke und einer kongruenten unteren vierflächigen Ecke umgrenzt wird, die in einem veränderbaren Betrage um ihre gemeinsame Hauptachse gedreht erscheinen. Diese Pyramiden durchdringen sich in acht Randkanten, die mit ihrer einen Hälfte über die Ebene des ursprünglichen Quadrats sich erheben, mit ihrer anderen Hälfte unter sie herabsinken. Die abwechselnden (d. h. die erste,

---

[1]) Für die rhomboëdrische Tetartoëdrie erblickte hierbei S o h n c k e eine Schwierigkeit darin, daß für die Erlangung einer Lage dritter Art „der zureichende Grund zu fehlen scheine" und stellte das Prinzip auf, daß die Symmetrie der Gitter nicht beim Einsetzen der Formelemente sich vermindern dürfe. Indessen wird dieses Prinzip von S o h n c k e selbst im regulären System verletzt, da S o h n c k e s 12-Punkter und 24-Punkter nichts anderes als Polfiguren hemiëdrischer Formen sind. Indem S o h n c k e diese als Formelemente in die an sich holoëdrischen Raumgitter einsetzt, vermindert er die Symmetrie der Gitter. Das ganze S o h n c k e sche Prinzip wird bedeutungslos, sobald man fragt: Weshalb sollen nicht Formelemente von niedriger Symmetrie sich längs Gittern von hoher Symmetrie aneinanderreihen? Man muß doch die Materie als das Ursprüngliche, ihre Struktur als das Spätere betrachten, und nicht — wie S o h n c k e — umgekehrt verfahren.

[2]) Die rhomboëdrische Tetartoëdrie ist ableitbar auf zwei Arten, die trigonale Tetarmorphie auf sechs Arten, drei davon durch Gleitsymmetrie. Die trigonale Hemiëdrie ist ableitbar auf vier Arten, die trigonale Tetartoëdrie auf nur eine Art und die rhomboëdrische Hemiëdrie auf insgesamt sechs Arten.

dritte usw.) sind einander gleich, je zwei angrenzende stets ungleich. Wenn man die Hilfslinien den entgegengesetzten Flächenseiten des Quadrats zurechnet, so erhält man den gewendeten Körper. Man bezeichnet diese Formen als rechte bezw. linke tetragonale Trapezoëder.

Die speziellen Formen haben den gleichen Umriß wie die entsprechenden holoëdrischen. Es spezialisieren sich die Trapezoëder zu tetragonalen Prismen $\{hk0\}$, zu tetragonalen Prismen erster Art $\{110\}$ und zweiter Art $\{100\}$, zu tetragonalen Pyramiden erster Art $\{111\}$ und zweiter Art $\{101\}$, und endlich zur tetragonalen Basis $\{001\}$.

b) *Tetragonale Tetartomorphie:* Diese Gruppe unterscheidet sich ihrer Symmetrie nach von der vorigen durch das Fehlen der horizontalen zweizähligen Symmetrieachsen; außer der vierzähligen Vertikalachse ist kein weiteres Symmetrieelement vorhanden. Die einfachen Formen sind daher durch die oberen bezw. unteren Hälften von denen der vorigen Gruppe bestimmt. Man hat offene regelmäßig-vierflächige Pyramiden, die sich zu tetragonalen Prismen und zu der oberen bezw. unteren Basis spezialisieren können.

β) **Strukturen der alleinigen Drehungssymmetrie.**

a) Tetragonale Tetartomorphie.
(Strukturen ohne horizontale Symmetrieachsen.)

Struktur 1 und 2: *Rechtes (bezw. linkes) Vierpunkt-Schraubengitter* (Fall 26—27 nach Sohncke). Da die vierzähligen Achsen nicht Drehungsachsen sind, entsprechen die Deckungsbewegungen des Gitters keinem Bravaisschen Fall; es ist aber gut geeignet, diejenigen enantiomorphen tetragonalen Kristalle, welchen horizontale Symmetrieachsen mangeln, zu erklären (Fig. 30). Von den vertikalen vierzähligen Achsen ist nur ein Teil der Gesamtheit mit einer Achse (Ausgangsachse) gleichwertig; und es können daher vierzählige Achsen von verschiedener Art unterschieden werden; mit dieser Ungleichartigkeit hängt der Unterschied

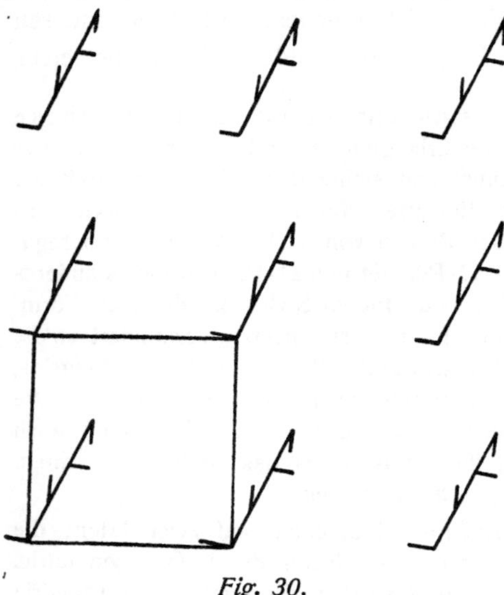

Fig. 30.
Rechtes u. linkes Vierpunkt-Schraubensystem.

zwischen dem zusammengesetzten und abwechselnden Vierpunkt-Schraubengitter zusammen (vergl. Sohnckes Fall 23 mit 38, 35 mit 40, sowie 36 mit 41).

Struktur 3: *Vierzähliges Gegenschraubengitter* (Fall 28 nach Sohncke). Von den vertikalen vierzähligen Achsen besitzt ein Teil den linken, ein anderer Teil den rechten Schraubungssinn, auf diese Eigenschaft weist die Bezeichnung „Gegenschraubensystem" hin. Das Gitter ist nicht enantiomorph und erscheint daher z. B. zur Erklärung der optisch inaktiven gleichsymmetrischen Substanzen geeignet (Fig. 31). Da vierzählige Deckungsdrehungen des Gitters nicht existieren, kann es nicht als zugehörig zu einem Bravaisschen tetragonalen Gitter aufgefaßt werden, leitet sich aber beim Ersatz der Drehungsachsen durch Schraubungsachsen aus dem Fall der tetragonalen Prismen ab.

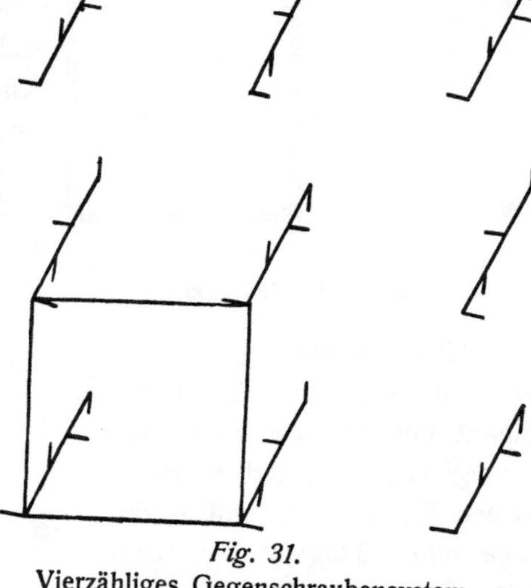

Fig. 31.
Vierzähliges Gegenschraubensystem.

Struktur 4: *Zweigängiges Vierpunkt-Schraubengitter* (Fall 29 nach Sohncke). In diesem Raumgitter existieren vertikale vierzählige Schraubungsachsen, welche zugleich zweizählige Drehungsachsen sind; da Enantiomorphismus in dem Raumgitter nicht vorhanden ist, eignet es sich zur Erklärung der Symmetrieachsen eben jener Substanzen, für welche das vorige Punktsystem (Fall 28) bereits eine Erklärung lieferte. Ebensowenig wie das vorige Punktsystem kann das jetzige als Bravaissches tetragonales

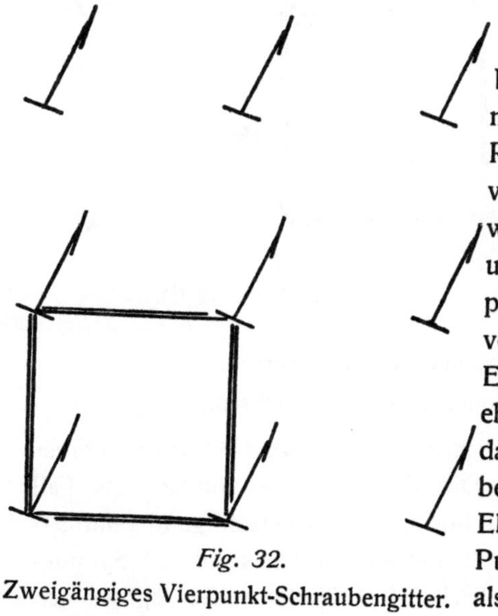

Fig. 32.
Zweigängiges Vierpunkt-Schraubengitter.

Gitter aufgefaßt werden, leitet sich aber in der analogen Weise wie das vorige Gitter daraus ab.

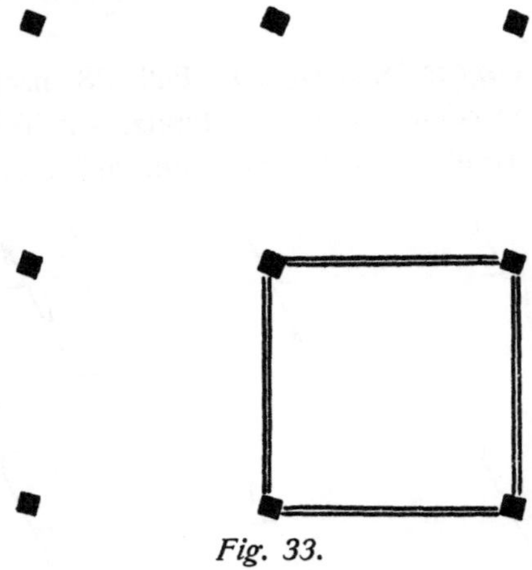

Struktur 5: *Quadratsäulengitter* (Fall 30 nach Sohncke). Das Gitter stimmt mit dem Raumgitter der quadratischen Prismen (Modell 8) hinsichtlich der Lage und Zähligkeit der vertikalen Symmetrieachsen (welches die einzige Richtung von Symmetrieachsen in den Fällen 26—31 ist) überein, es dient zur Erklärung der gleichen Kristallsymmetrie, welche durch die beiden vorigen Gitter (Fall 28—29) darstellbar ist.

Fig. 33.

Quadratsäulengitter.

Quadratoktaëdergitter (Fall 31 nach Sohncke). Das Gitter stimmt mit dem Bravaisschen Raumgitter der zentrierten quadratischen Prismen hinsichtlich der Lage und Zähligkeit der vertikalen Symmetrieachsen überein; anders gerichtete Symmetrieachsen existieren nicht. Wegen der Abwesenheit von Symmetrieebenen sind in dem Diagramm 34 die Quadrate unter willkürlichen Winkeln schräg gegen die Gitterkanten gezeichnet — was auch bereits für Fig. 33 zutrifft.

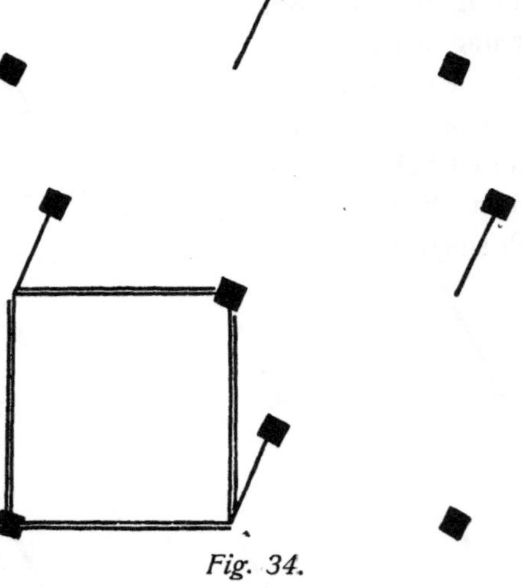

Fig. 34.

Quadratoktaëdergitter.

b) Tetragonale trapezoëdrische Hemiëdrie.

(Strukturen mit horizontalen Symmetrieachsen.)

Rechtes bezw. linkes zusammengesetztes Vierpunkt-Schraubengitter (Fall 32—33 nach Sohncke). Die Punktsysteme können aus Fall 26 bezw. 27 durch Einfügung einer horizontalen zweizähligen Drehungsachse abgeleitet werden und stimmen hinsichtlich der vertikalen Symmetrieachsen mit Fall 26 bezw. 27 Sohnckes überein; sie eignen sich zur Erklärung derjenigen enantiomorphen Kristalle mit vierzähliger Drehungsachse, welche zugleich horizontale zweizählige Drehungsachsen besitzen. Es leitet sich das Gitter beim Ersatz der vierzähligen Drehungsachsen durch Schraubungsachsen aus dem Bravaisschen Gitter ab und führt somit auf den Bravaisschen tetragonalen Fall zurück.

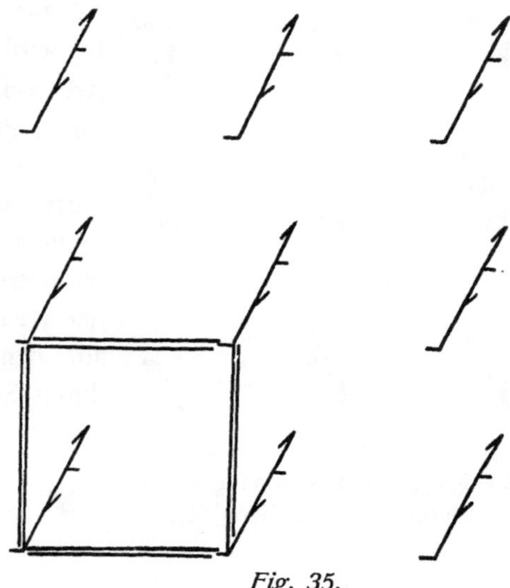

Fig. 35.

Rechtes u. linkes zusammengesetztes
Vierpunkt-Schraubengitter.

Fig. 36.

Zusammengesetztes vierzähliges
Gegenschraubengitter.

Vierzähliges zusammengesetztes Gegenschraubengitter (Fall 34 nach Sohncke). Dieses Punktsystem entsteht aus dem vierzähligen Gegenschraubensystem (Fall 28) durch Einfügung einer horizontalen zweizähligen Symmetrieachse in gleicher Weise wie Fall 32 aus 26. Es erklärt das Gitter die nichtenantiomorphen Kristalle, welche eine vierzählige Drehungsachse nebst 4 auf ihr senkrechten zweizähligen Drehungsachsen besitzen.

Ein Bravaissches Raumgitter, dessen Drehungsbewegungen mit diesem Gitter übereinstimmen, existiert zwar nicht unmittelbar, doch läßt sich Fig. 36 ebenso gut wie das vorige Gitter daraus ableiten.

Zweigängiges zusammengesetztes Vierpunkt-Schraubengitter (Fall 35 nach Sohncke). Dieses Gitter entsteht aus dem zweigängigen Vierpunkt-Schraubengitter (Fall 29 Sohnckes) durch Einfügung einer horizontalen zweizähligen Symmetrieachse in gleicher Weise wie Fall

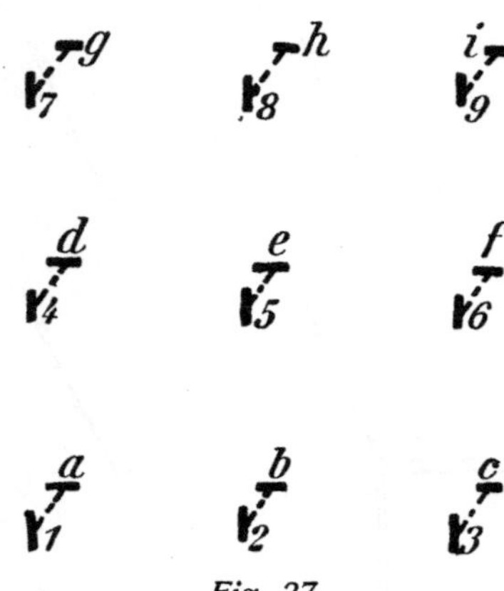

Fig. 37.

Zweigängiges zusammengesetztes
Vierpunkt-Schraubengitter.

32 aus 26 und wie Fall 34 aus 28. Es wird durch das Gitter die gleiche Art von Kristallsymmetrie erklärt wie durch Fall 34.

Auf ein Bravaissches Raumgitter mit den gleichen Deckbewegungen läßt sich dieses Gitter nicht reduzieren, hingegen kommt auch ihm der Bravaissche tetragonale Fall bis auf den Ersatz der Drehungsachsen durch Schraubungsachsen gleich.

Zusammengesetztes Quadratsäulengitter (Fall 36 n. Sohncke). Aus Fall 30 ist dieses Gitter auf die gleiche Weise durch Einfügung einer horizontalen zweizähligen Drehungsachse (Nebenachse) erzeugbar, wie die vorigen Gitter (Fall 33—35) aus den entsprechenden Fällen 27—29. Auch dient es zur Erklärung der gleichen Kristallsymmetrie, ist aber dadurch einfacher als die vorigen

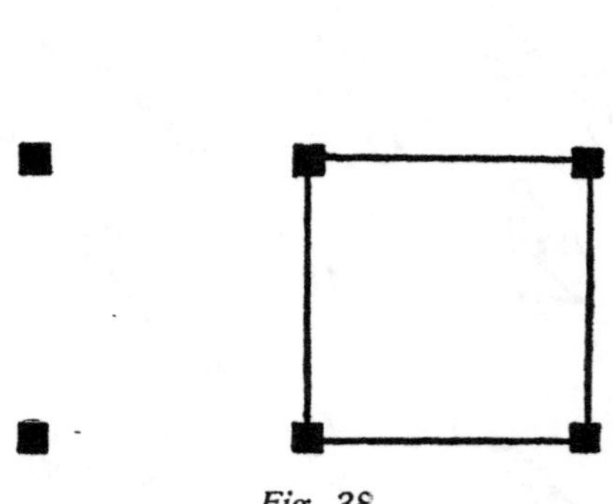

Fig. 38.

Zusammengesetztes Quadratsäulengitter.

Gitter, daß es dem Bravaisschen Fall der quadratischen Prismen hinsichtlich seiner Symmetrieachsen gleichkommt. Dieses Bravaissche Raumgitter läßt sich als ein solches zusammengesetztes Quadratsäulensystem bezeichnen, dessen materielle Punkte allseitig symmetrisch sind, während jetzt die Symmetrie der tetragonal trapezoëdrischen Gruppe den Formelementen zugeschrieben wird und sie daher in Figur 38 symmetrisch in bezug auf die zweizähligen Achsen gezeichnet sind.

Zusammengesetztes Quadratoktaëdergitter (Fall 37 nach Sohncke). Aus Fall 31 ist dieses Gitter auf die gleiche Weise durch Einfügung einer horizontalen zweizähligen Drehungsachse (Nebenachse) erzeugbar, wie die vorigen zusammengesetzten Gitter (Fall 33—36) aus den ihnen entsprechenden einfachen (Fall 27—30). Auch dient es zur Erklärung der gleichen Kristallsymmetrie und steht zu dem Bravaisschen Raumgitter der zentrierten quadratischen Prismen in dem gleichen Verhältnis, wie der vorige Fall (36) zu dem Raumgitter der nichtzentrierten quadratischen Prismen.

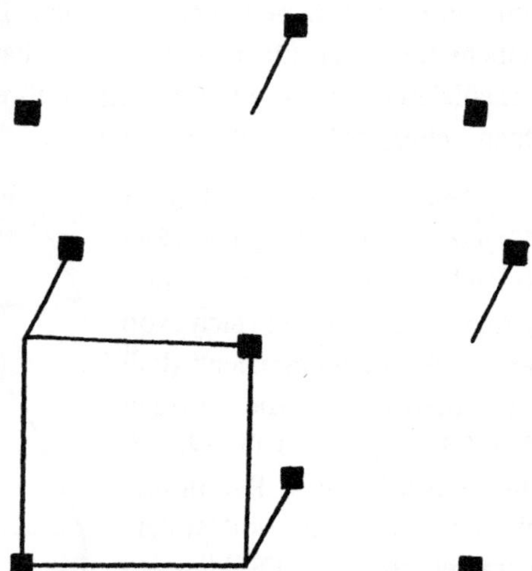

Fig. 39.
Zusammengesetztes Quadrat-oktaëdergitter.

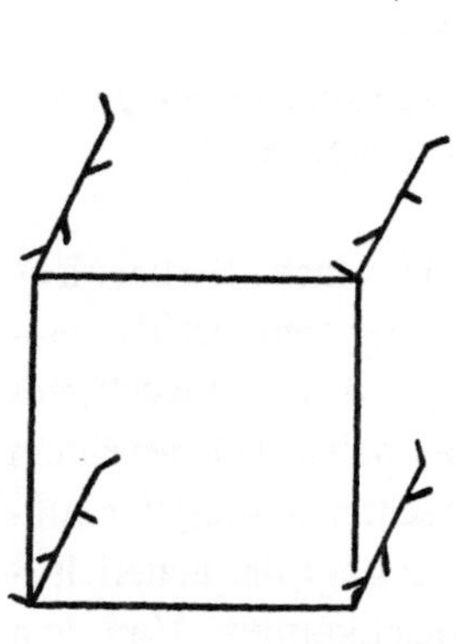

Fig. 40.
Rechtes und linkes abwechselndes
Vierpunkt-Schraubengitter.

Rechtes bezw. linkes abwechselnd. Vierpunkt-Schrauben-gitter (Fall 38 bis 39 nach Sohncke). Um aus den keine Nebenachsen besitzenden tetragonalen Gittern die vorigen, d. h. die Fälle der „zusammengesetzten" Gitter abzuleiten, müssen die horizontalen Nebenachsen so eingefügt werden, daß bei einer Umklappung um dieselben die unter sich gleichwertigen vierzähligen Achsen sich vertauschen; bei den folgenden Fällen (38—41) hingegen tauschen bei der genannten Umklappung gleichartige und ungleichartige vierzählige Achsen ihre Plätze gegeneinander aus. Sind die Nebenachsen dieser Eigenschaft entsprechend gelegen, so spricht man nach Sohncke von „abwechselnden" tetragonalen Gittern.

Die abwechselnden Vierpunkt-Schraubengitter dienen zur Erklärung der auch durch Fall 26—27 veranschaulichten Krystallsymmetrie und lassen sich auf kein Bravaissches Raumgitter unter Beibehaltung der für unsere Gitter charakteristischen Deckbewegungen spezialisieren, während die Lagen ihrer Achsen denen des Bravaisschen tetragonalen Falls gleich sind.

Abwechselndes zweigängiges Vierpunkt-Schraubengitter (Fall 40 nach Sohncke). Das Punktsystem unterscheidet sich von dem „zusammengesetzten" (Fall 35) ebenso wie die vorigen (Fall 38, 39) von Fall 32, 33. Ein Bravaissches Raumgitter mit den für unser Punktsystem charakteristischen Deckbewegungen existiert nicht. Mit Fall 35 usw. stimmt das Gitter darin überein, daß alle diese Gitter die gleiche Kristallsymmetrie erklären. Auch verhält es sich zu dem Bravaisschen tetragonalen Fall ebenso wie das vorige Gitter.

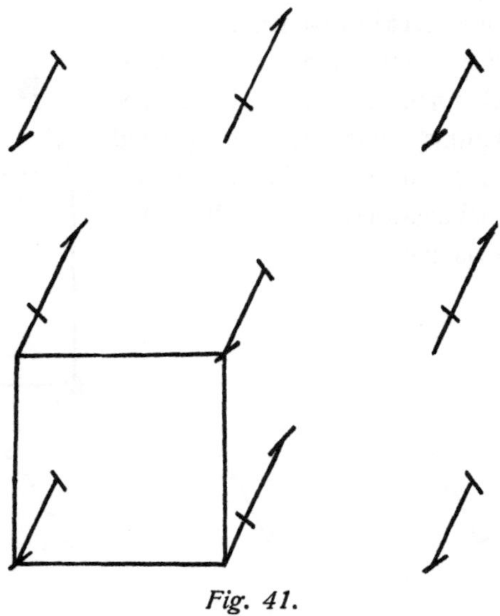

Fig. 41.

Abwechselndes zweigängiges Vierpunkt-Schraubengitter.

Abwechselndes Quadratsäulengitter (Fall 41 nach Sohncke). Dieses Punktsystem ist das einzige unter den „abwechselnden" tetragonalen, welches einem Bravaisschen Raumgitter hinsichtlich der Lage der materiellen Punkte gleichkommt. Von dem zusammengesetzten Quadratsäulensystem unterscheidet es sich durch die für Fall 38 näher beschriebene Lage der Nebenachsen. Das Gitter dient zur Erklärung der gleichen Kristallsymmetrie, wie die vorigen und liefert die letzte Möglichkeit für die Struktur derselben. Die tetragonal-trapezoëdrischen Kristalle

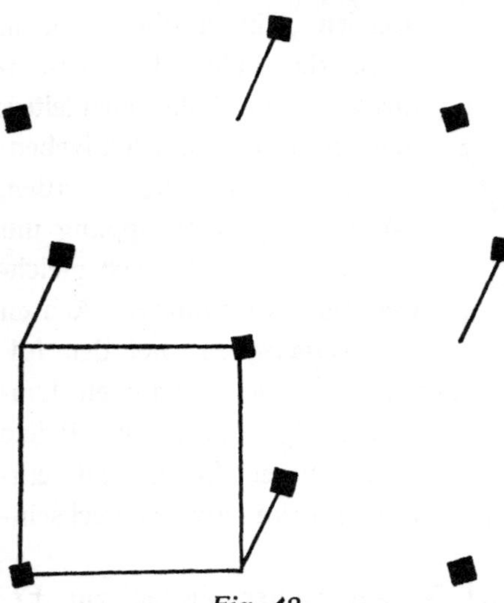

Fig. 42.

Abwechselndes Quadratsäulengitter.

lassen sich demnach hinsichtlich der Struktur ihrer Symmetrieachsen in zehn Abteilungen zerlegen: sechs davon gehören den zusammengesetzten, vier den abwechselnden tetragonalen Gittern zu.

γ) Tetragonale Polyëder mit hinzutretender Spiegelungssymmetrie.

In ähnlicher Weise wie beim hexagonalen System eine trigonale Unterabteilung abgesondert wurde, kann auch im tetragonalen System eine Unterabteilung, die zutreffend als „sphenoidische" bezeichnet wird, abgetrennt werden. Zur Gewinnung der trigonalen Symmetrie, vereinigten wir die erste, dritte, fünfte Ecke des Sechsecks zu einem Dreieck und die zweite, vierte, sechste Ecke zu einem auf der entgegengesetzten Flächenseite liegenden und bezogen die zur Ableitung der allgemeinsten Formen auszuführenden Brechungen auf diese Dreiecke. Analog denken wir uns jetzt die erste und dritte Ecke des Quadrats zu einer Geraden verbunden, die zweite und vierte Ecke zu einer auf der entgegengesetzten Flächenseite des Quadrats liegenden Geraden verbunden und führen längs diesen Geraden Brechungen aus. Indem wir die Verbindungslinie 1∧3 vertikal nach aufwärts, die Verbindungslinie 2∧4 vertikal nach abwärts ziehen und die Quadratfläche wie eine dehnbare Doppelhaut diesen Kanten folgend denken, erhalten wir einen von zwei oberen und zwei unteren Flächen begrenzten Doppelkeil, dessen obere und untere Schneiden die Kanten 1∧3 und 2∧4 sind, während die übrigen Begrenzungskanten des Doppelsphenoids durch das ursprüngliche Quadrat gebildet werden, das um so mehr windschief gemacht wird, je weiter die Schneiden des Keils sich von einander entfernen. Nur die Kantenmitten des deformierten Quadrats liegen in der ursprünglichen Quadratebene und von ihnen aus steigen die Kanten mit ihrer einen Hälfte bis zur Schneide 1∧3 über die Mittelebene empor, während sie mit ihrer anderen Hälfte bis zur Schneide 2∧4 unter die Mittelebene sich senken. Das Doppelsphenoid wird von vier gleichschenkligen Dreiecken begrenzt.[1] In der einen Gruppe, der sphenoidischen Tetartoëdrie, ist dieses Doppelsphenoid die allgemeinste Form, in der anderen Gruppe muß man, um zur allgemeinsten Form zu gelangen, seine Flächen noch längs ihren durch die Hauptachse gehenden Höhenlinien brechen, so

---

[1] Sind diese Dreiecke gleichseitig, so entsteht das reguläre Tetraëder, welches stets demensprechend aufzustellen ist; so daß die Verbindungslinien gegenüberliegender Kantenmitten mit der a-, b- und c-Achse übereinstimmen.

daß acht ungleichschenklige Dreiecke an die Stelle der vier gleichschenkligen treten. Dieses bedeutet — abstrakter gesprochen —, daß
zwei vertikale Symmetrieebenen, welche sich in der Hauptachse unter
90° schneiden, hinzugefügt werden. Die zugehörige Symmetriegruppe
heißt sphenoidische Hemiëdrie, und das in der angegebenen
Weise gebrochene Doppelsphenoid heißt „tetragonales Skalenoëder".

Die übrigen tetragonalen Gruppen besitzen die vierzählige
Drehungsachse des Quadrats, deren Zähligkeit nur in den beiden
sphenoidischen Fällen auf zwei vermindert erscheint. Wird zu der
vierzähligen Drehungsachse die horizontale Symmetrieebene des
Quadrats hinzugenommen, so entsteht die als tetragonale pyramidale Hemiëdrie bezeichnete Gruppe, sie besitzt auch zentrische
Symmetrie; werden die vertikalen Symmetrieebenen hinzugenommen,
so entsteht die als tetragonale Hemimorphie bezeichnete Gruppe.
Mithin gehören vier tetragonale Gruppen hierher, so daß zusammen
mit den drei früheren das tetragonale System sieben Gruppen umfaßt, über welche die folgende Tabelle eine Übersicht gibt.

1. Gruppen mit vierzähliger Hauptachse.

Es entsteht	durch Hinzunahme von		
	Symmetrie-zentrum	vertikaler Symmetrieebene	horizontaler Symmetrieebene
a) aus der vollen Drehungs-symmetrie (= trapezoëdrische Hemiëdrie)	Tetragonale Holoëdrie		
b) aus der Hauptachse allein (= Tetartomorphie) . . .	Pyramidale Hemiëdrie		Hemimorphie

2. Gruppen mit zweizähliger Hauptachse (sphenoidische Abteilung).

Hauptachse allein (= sphenoi-dische Tetartoëdrie)	—	—	Sphenoidische Hemiëdrie

Nunmehr gehen wir zu einer Besprechung der allgemeinsten
Formen für die vier jetzt neu hinzukommenden Gruppen über:

1. *Tetragonale Hemimorphie.* Da die Symmetrie dieser Gruppe
derjenigen einer Flächenseite des Quadrats gleichkommt, stimmen
auch die einfachen Formen mit denen der oberen bezw. unteren
Hälfte der Heloëder überein; es existieren obere ditetragonale Pyramiden {h k l} und ebensolche untere {h k l̄}, die sich zu tetragonalen
Pyramiden (offene vierflächigen Formen) von erster Art {1 1 l} und
zweiter Art {1 0 l} spezialisieren können. Ferner ditetragonale Prismen
{h k o}, tetragonale Prismen erster Art {1 1 1} und ebensolche zweiter
Art {1 0 1}, endlich obere Basis {0 0 1}, untere Basis {0 0 1̄}.

2. *Tetragonale pyramidale Hemiëdrie.* Da eine horizontale Symmetrieebene vorhanden ist, bestehen die allgemeinsten Formen aus Doppelpyramiden, deren horizontale Mittelfiguren wegen des Fehlens vertikaler Symmetrieebenen aber stets einfache Quadrate und nicht, wie bei der vorigen Gruppe, Achtecke (Diquadrate) sind. Demnach sind tetragonale Doppelpyramiden dritter Art {h k l} die allgemeinsten Formen, sie können je nach ihrer Stellung zu den Achsen in tetragonale Doppelpyramiden erster Art {1 1 1} und zweiter Art {1 0 1} übergehen; als spezielle Formen entstehen ferner tetragonale Prismen erster, zweiter und dritter Art, {1 1 0}, {1 0 0}, {h k o}, und die aus zwei parallelen Flächen bestehende Basis {0 0 1}.

3. *Tetragonale sphenoidische Tetartoëdrie.* Die allgemeinste Form ist das tetragonale Doppelsphenoid, welches bereits oben beschrieben wurde. Seine vertikale Hauptachse ist zwar nur zweizählig, außerdem aber zerfällt es in zwei spiegelbildliche Teile, wenn man es längs einer Horizontalebene in der Mitte durchschneidet. Diese Hälften liegen jedoch nicht unmittelbar spiegelbildlich, wenn man aber die eine Hälfte zunächst um 90 ⁰ um die vertikale dreht und dann an der Schnittebene spiegelt, so geht sie in die zweite Hälfte über [1]). Wegen dieser Spiegelungssymmetrie existieren keine gewendeten Formen in der Gruppe, obgleich ihr das Symmetriezentrum mangelt.

Die tetragonalen Doppelsphenoide dritter Art {h k l} können bei eintretendem Parallelismus mit den horizontalen Achsen bezw. Zwischenachsen auch als Doppelsphenoide erster Art {1 1 1} oder zweiter Art {1 0 1} aufgefaßt werden; spezielle Formen sind tetragonale Prismen dritter Art {h k o}, zweiter Art {1 0 0}, erster Art {1 1 0}; sie enstehen, wenn die Ausgangsfläche der Vertikalachse parallel wird. Die Basis {0 0 1} wird von zwei horizontalen Flächen gebildet.

4. *Tetragonale sphenoidische Hemiëdrie.* Die allgemeinste Form ist das vorher beschriebene Skalenoëder, es geht in ein Doppelsphenoid {1 1 1} über, wenn die Ausgangsfläche senkrecht auf einer der beiden vertikalen Symmetrieebenen steht; ferner existieren Doppelpyramiden {1 0 1}, ditetragonale Prismen {h k o}, tetragonale Prismen erster Art {1 1 1} und zweiter Art {1 0 1} in dieser Gruppe, sowie die aus zwei Flächen bestehende Basis {0 0 1}. Dieser Gruppe mangelt,

---

[1]) Derartige aus Drehungen und Spiegelungen zusammengesetzte Deckoperationen existieren zwar auch in sehr vielen anderen Symmetriegruppen, aber nur in den tetragonal sphenoidischen ist es n o t w e n d i g, aus ihnen sich die Polyëder entstanden zu denken.

ebenso wie der vorigen, das Symmetriezentrum, jedoch existieren keine gewendeten Formen.

δ) Tetragonale Strukturen bei hinzutretender Spiegelungssymmetrie.

Hinsichtlich der Einfügung spiegelbildlicher Symmetrie besteht ein wesentlicher Unterschied zwischen den sphenoidischen Gruppen und denjenigen, welche die vierzählige Drehungsachse des Quadrats enthalten. Nur für letztere Abteilung kann man ohne weiteres von tetragonalen Gittern bei der Einfügung der inversen Symmetrie ausgehen. Für die sphenoidischen Polyëder hingegen hat man von Gittern mit zweizähliger Hauptachse auszugehen, zwecks Einfügung inverser Symmetrie; da ja auch die Hauptachse der sphenoidischen Gruppe als Drehungsachse nur zweizählig ist. Man hat aber die betreffenden Gitter in den horizontalen Netzebenen mit quadratischen Maschen (an Stelle der rechteckigen bezw. rhombusförmigen) zu versehen. Es kann hier nur ohne nähere Erläuterung mitgeteilt werden, daß die sphenoidische Tetartoëdrie sich auf zwei Arten durch Einfügung von spiegelbildlicher Symmetrie ableiten läßt[1]), ferner daß die sphenoidische Hemiëdrie sich aus den rhombischen Fällen auf insgesamt 12 Arten durch Einfügung von Symmetrieebenen oder Gleitsymmetrie erzeugen läßt.

Die tetragonale pyramidale Hemiëdrie läßt sich aus den Fällen des Quadratsäulen-, Quadratoktoëdergitters, sowie aus dem vierzähligen Gegen- und zweigängigen Vierpunkt-Schraubengitter durch Einfügung von Symmetrieebenen erklären, die auf insgesamt 6 Arten vorgenommen werden kann.

Die tetragonale Hemimorphie läßt sich in ähnlicher Weise aus den früheren Fällen auf 12 Arten durch Einfügung von Symmetrieebenen und Gleitsymmetrieebenen zusammen ableiten.

Bei beiden Gruppen ist es natürlich statthaft, die betreffenden Symmetrieebenen bereits bei den Formelementen anzunehmen, hingegen entgehen die Fälle der Gleitsymmetrieebenen demjenigen, der sich auf diese Annahme beschränkt.

Die tetragonale Holoëdrie aber läßt sich, wenn man alle nur irgend möglichen Erklärungsweisen der Symmetrieebenen berücksichtigt, durch noch mehr Typen wiedergeben.

---

[1]) Aus dem zweizähligen Säulengitter und dem klinorhombischen Säulengitter auf je eine Art.

9. Hexagonale Gruppen vom Sechseck-Typus.

α) Polyëder der reinen Drehungssymmetrie.

Ebenso wie in den analogen rhombischen, trigonalen und tetragonalen Fällen, existieren hier zwei Abteilungen; die eine weist die volle Drehungssymmetrie des Sechsecks auf, die andere nur diejenige der einen Flächenseite eines Sechsecks (d. h. die Drehungen um die Hauptachse).

a) *Hexagonale trapezoëdrische Hemiëdrie:* Analog der Fig. 21 bringe man auf der Oberseite des Sechsecks sechs vom Mittelpunkt ausgehende und unter Winkeln von 60^0 aufeinanderfolgende Strahlen an, klappe das Sechseck um eine seiner horizontalen Symmetrieachsen um und zeichne dann auf die gleichen Stellen der neuen Oberseite sechs ebensolche Strahlen. Längs diesen 12 Strahlen führe man Brechungen aus, indem man den Schnittpunkt der sechs oberen vertikal aufwärts zieht, den Schnittpunkt der sechs unteren aber in gleichem Betrage vertikel abwärts zieht. So entsteht die als hexagonales Trapezoëder bezeichnete allgemeinste Form dieser Gruppe $\{h\bar{k}il\}$; als spezielle Fälle ergeben sich hexagonale Doppelpyramiden erster Art $\{10\bar{1}1\}$ und zweiter Art $\{11\bar{2}1\}$, wenn die Flächen parallel je einer horizontalen Koordinatenachse oder Zwischenachse werden. Ferner entstehen dihexagonale Prismen $\{h\bar{k}io\}$, hexagonale Prismen erster Art $\{10\bar{1}0\}$ und zweiter Art $\{11\bar{2}0\}$, wenn die Spitzen der Trapezoëder bezw. Pyramiden ins Unendliche rücken, endlich die aus zwei Flächen bestehende Basis $\{0001\}$ bei horizontaler Lage der Flächen. Die Trapezoëder dieser Gruppe sind enantiomorph.

b) *Hexagonale Tetartomorphie mit Sechsecktypus*[1]): Die Formen dieser Gruppe können als die oberen bezw. unteren Hälften von denen der vorigen Gruppe angesehen werden, da die jetzige Gruppe sich von der vorigen durch den Mangel der horizontalen Drehungsachsen unterscheidet.

Die allgemeinsten Formen sind demnach offene hexagonale Pyramiden dritter Art ($\{h\bar{k}il\}$ eine obere, $\{h\bar{k}il\}$ eine untere), die auch als Pyramiden erster oder zweiter Art ($\{10\bar{1}1\}$ bezw. $\{11\bar{2}1\}$) aufgefaßt werden können, wenn die horizontalen Koordinatenachsen bezw. Zwischenachsen ihren Flächen parallel gelegt werden. Die Prismen $\{h\bar{k}io\}$ von dritter Art, $\{10\bar{1}0\}$ von erster Art und $\{11\bar{2}0\}$

---

[1]) Der Zusatz „mit Sechsecktypus" ist notwendig zur Unterscheidung von der trigonalen Tetartomorphie.

von zweiter Art sind sämtlich sechsflächig; als weitere spezielle Form kommt nur die obere und untere Basis $\{0001\}$ bezw. $\{000\overline{1}\}$ in Betracht.

Auch die Formen dieser Gruppe sind als enantiomorph aufzufassen, wie überhaupt die Formen aller derjenigen Symmetriegruppen, welche nur Drehungssymmetrie und keinerlei spiegelbildliche Symmetrie besitzen.

β) Strukturen der reinen Drehungssymmetrie.

a) Hexagonale Tetartomorphie.

Rechtes bezw. linkes Sechspunkt-Schraubengitter (Fall 42, 43 nach Sohncke). Die Gitter besitzen nur vertikale Symmetrieachsen, welche in eine Schar von sechszähligen, eine von dreizähligen und eine von zweizähligen Achsen zerfallen. Es dienen diese Gitter zur Erklärung derjenigen enantiomorphen Kristalle, welche eine sechszählige Hauptachse, aber keine Nebenachsen besitzen. In Fig. 43 sind nur die sechszähligen Achsen dargestellt. Die charakteristische Deckbewegung (Aufeinanderfolge von sechszähliger Drehung und Parallelverschiebung längs der Hauptachse) bedingt den Unterschied dieses Gittters von dem Bravaisschen Raumgitter.

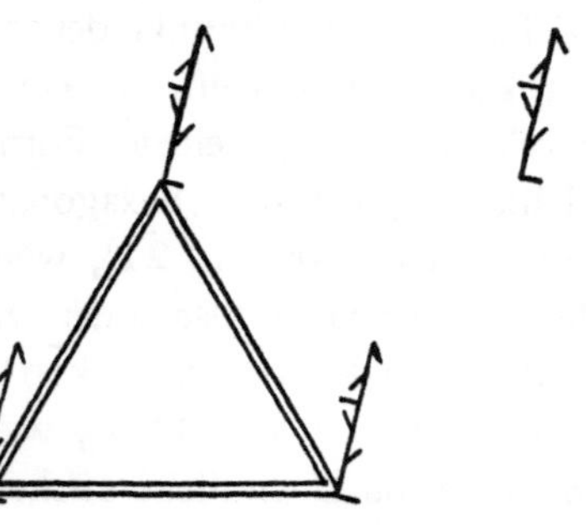

Fig. 43.

Rechtes u. linkes Sechspunkt-Schraubengitter.

Rechtes bezw. linkes zweigängiges Sechspunkt-Schraubengitter (Fall 44, 45 nach Sohncke). Die sechszähligen Schraubungsachsen sind bei diesen Gittern zugleich zweizählige Drehungsachsen, sie dienen zur Erklärung der gleichen Kristalle wie die vorigen Punktsysteme (42, 43). Die Drehungsachsen prägen sich in Fig. 44 dadurch aus, daß die Mittelpunkte der Stäbchen auf den Symmetrieachsen liegen und

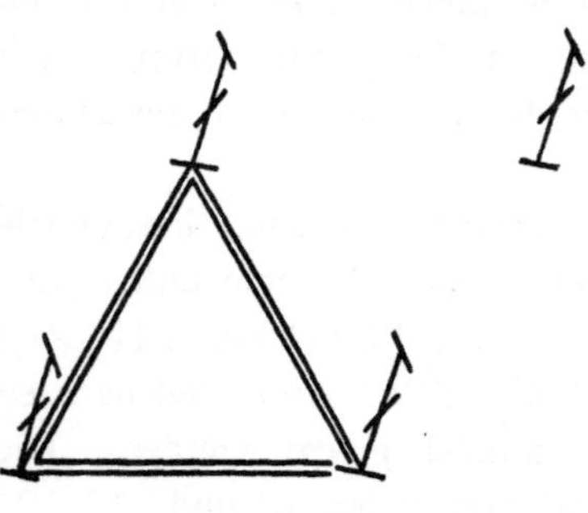

Fig. 44.

Rechtes und linkes zweigängiges Vierpunkt-Schraubengitter.

sich ihre Hälften bei den Drehungen austauschen, während zur Darstellung der Deckungsschraubungen drei aufeinanderfolgende dieser Stäbchen genügen. Abgesehen hiervon ist dieser Fall dem vorigen ganz analog.

Dreigängiges Sechspunkt-Schraubengitter (Fall 46 nach S o h n c k e). Die sechszähligen Schraubungsachsen dieses Punktsystems sind zugleich dreizählige Drehungsachsen, wodurch bedingt wird, daß der Enantiomorphismus, welcher einer sechszähligen Schraubung innewohnt, verschwindet. Es dient auch dieses Gitter zur Erklärung derjenigen Kristalle, welche eine sechszählige Hauptachse, aber keine Nebenachsen besitzen. Auf ein B r a - v a i s sches Raumgitter läßt sich dieses Gitter zwar, ohne seine Deckbewegungen zu verändern, nicht reduzieren, indessen braucht man nur die Hälfte der Dreiecke in Figur 45 um 180° zu drehen, um es in ein solches zu verwandeln.

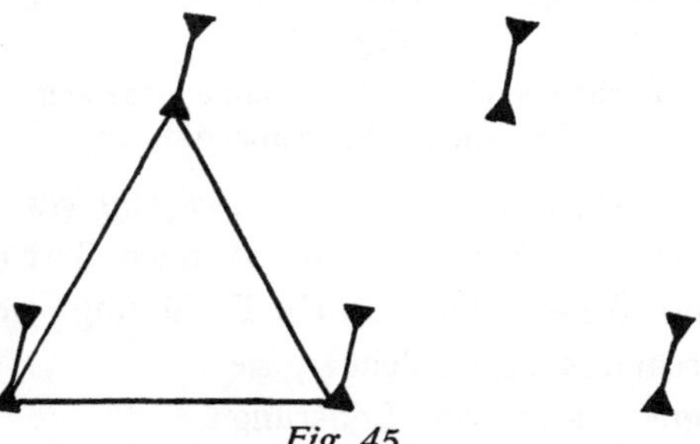

Fig. 45.
Dreigängiges Sechspunkt-Schraubengitter.

Hexagonalsäulengitter (Fall 47 nach S o h n c k e). Dieses Gitter ist das letzte der Punktsysteme mit sechszähligen (und nicht zugleich horizontale zweizählige Achsen besitzenden) Symmetrieachsen. Es erklärt die gleiche Kristallsymmetrie wie das vorige Punktsystem (46 S o h n c k e s), läßt sich aber auf ein B r a v a i s sches Raumgitter ohne Veränderung der Deckbewegungen spezialisieren, nämlich auf das Gitter der dreiseitigen Prismen. Hiernach eröffnen sich für die Erklärung der Symmetrieachsen des Nephelin und aller mit ihm gleichsymmetrischen Kristalle sechs Möglichkeiten, dem Fall 42 S o h n c k e s, bis zum Fall 47 S o h n c k e s entsprechend.

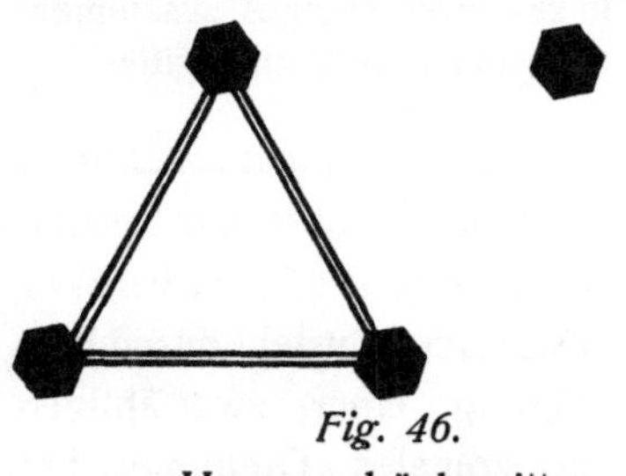

Fig. 46.
Hexagonalsäulengitter.

b) Hexagonale trapezoëdrische Hemiëdrie.

Rechtes bezw. linkes zusammengesetztes Sechspunkt-Schraubengitter (Fall 48, 49 nach S o h n c k e). Die Gitter entstehen durch Einfügung einer horizontalen zweizähligen Drehungsachse aus den Sechspunkt-

Schraubengittern (42 bezw. 43) und dienen zur Erklärung derjenigen enantiomorphen Kristalle, welche eine sechszählige Drehungsachse und sechs zweizählige Nebenachsen besitzen.

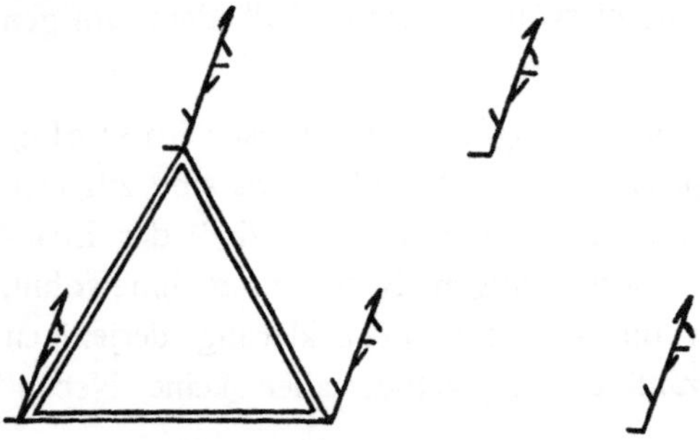

Die Unmöglichkeit, ein Bravaissches Raumgitter mit den in Betracht kommenden charakteristischen Deckungsbewegungen aufzufinden, überträgt sich natürlich von dem einfachen Sechspunkt-Schraubengitter auch auf das zusammengesetzte.

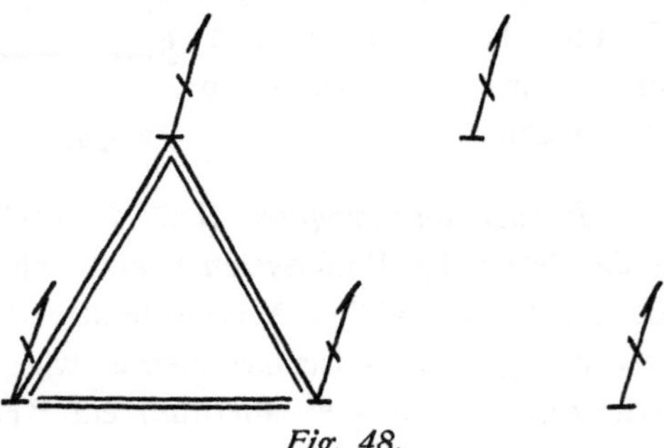

Fig. 47.

Rechtes und linkes zusammengesetztes
Sechspunkt-Schraubengitter.

Rechtes bezw. linkes zweigängiges zusammengesetztes Sechspunkt-Schraubengitter (Fall 50, 51 nach Sohncke). Aus Fall 44 bew. 45 sind diese Gitter durch Einfügung einer horizontalen zweizähligen Drehungsachse ableitbar, sie eignen sich zur Erklärung der bereits durch die beiden vorigen Fälle (48, 49) dargestellten Krystallsymmetrie. Einem Bravaisschen Raumgitter lassen sich die Deckbewegungen dieser Gitter zwar nicht beilegen, hingegen ist die Lage der Achsen dem Bravaisschen Gitter der dreiseitigen Prismen gleich.

Fig. 48.

Rechtes und linkes zweigängiges zusammengesetztes Sechspunkt-Schraubengitter.

Dreigängiges zusammengesetztes Sechspunkt-Schraubengitter (Fall 52 n. Sohncke). Das Gitter entsteht durch Einfügung einer zweizähligen horizontalen Drehungsachse aus Fall 46 Sohnckes und ist zur Erklärung der Kristalle mit einer sechszähligen Drehungsachse und sechs zweizähligen Nebenachsen ge-

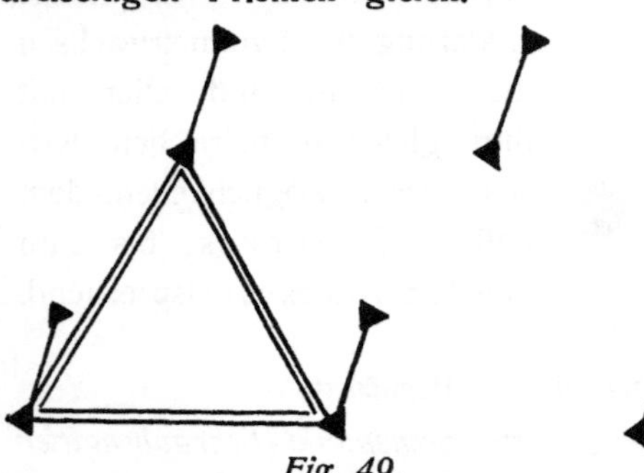

Fig. 49.

Dreigängiges zusammengesetztes Sechspunkt-Schraubengitter.

eignet. Ein Bravaissches Raumgitter mit den Deckungsbewegungen dieses Gitters existiert nicht. Die sechszähligen Schraubungsachsen des Gitters sind zugleich dreizählige Drehungsachsen.

Zusammengesetztes Hexagonalsäulengitter (Fall 53 nach Sohncke). Das Gitter entsteht aus dem Hexagonalsäulengitter durch Einfügung einer horizontalen zweizähligen Drehungsachse; es kann das Bravaissche Raumgitter der dreiseitigen Prismen als derjenige Fall dieses Gitters aufgefaßt werden, in welchem die materiellen Punkte mit Kugelsymmetrie auf den Symmetrieachsen sich befinden. Durch das Punktsystem wird ebenfalls die Symmetrie der hexagonalen trapezoëdrischen Hemiëdrie erklärt, so daß die Kristalle dieser Symmetriegruppe in sechs Abteilungen gemäß Fall 48—53) zerlegt werden können.

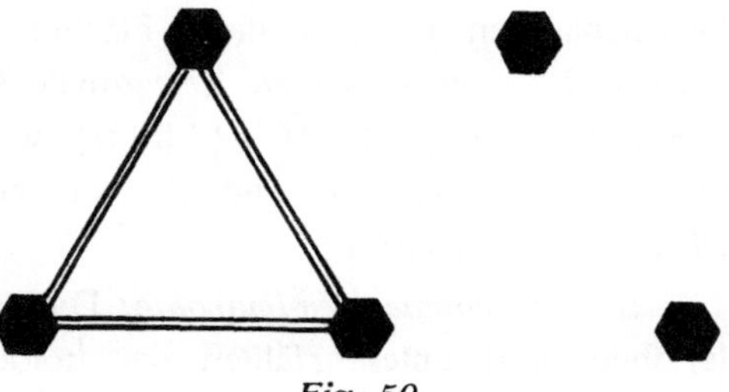

Fig. 50.
Zusammengesetztes Hexagonalsäulengitter.

γ) Polyëder vom Sechsecktypus bei hinzutretender Spiegelungssymmetrie.

Zunächst kann die spiegelbildliche Symmetrie als Symmetriezentrum zur Drehungssymmetrie hinzugefügt werden; aus der vollen Drehungssymmetrie des Sechsecks geht hierdurch die holoëdrische Symmetrie hervor; nur wenn das Symmetriezentrum mit den um die Hauptachse allein erfolgenden Deckungsdrehungen kombiniert sind, entsteht folglich ein neuer Fall, er heißt hexagonale pyramidale Hemiëdrie und besitzt eine horizontale Symmetrieebene. Wenn nun die spiegelbildliche Symmetrie als Symmetrieebene zur Drehungssymmetrie hinzutritt, so entsteht ein neuer Fall nur noch bei Verbindung der vertikalen Symmetrieebenen des Sechsecks mit den um die Hauptachse allein erfolgenden Drehungen, er heißt hexagonale Hemimorphie. Zu den drei früheren Gruppen kommen somit zwei neue hinzu. Zunächst geben wir eine Zusammenstellung der fünf Gruppen mit Sechsecktypus und gehen dann zur Besprechung der einfachen Formen über (siehe Tabelle Seite 70).

a) *Hexagonale pyramidale Hemiëdrie:* Die allgemeinste Form $\{hk\bar{i}l\}$ ist eine hexagonale Doppelpyramide dritter Art, die auch als eine solche von erster Art $\{10\bar{1}1\}$ oder zweiter Art $\{11\bar{2}1\}$ aufge-

Es entsteht	durch Hinzunahme von		
	Symmetrie- zentrum	horizontaler Symmetrieebene	vertikaler Symmetrieebene
a) aus der vollen Drehungs- symmetrie (= trapezoëdrische Hemiëdrie)	Hexagonale Holoëdrie		
b) aus Drehung um die Haupt- achse allein (= Tetartomor- phie)	Pyramidale Hemiëdrie		Hemimorphie

faßt werden kann, wenn die horizontalen Koordinatenachsen oder Zwischenachsen je einer ihrer Flächen parallel gelegt werden. Als spezielle Formen entstehen hexagonale Prismen dritter, zweiter oder erster Art, $\{h k \bar{i} o\}$, $\{1 1 \bar{2} 0\}$, $\{1 0 \bar{1} 0\}$, wenn die Spitzen der Pyramiden ins Unendliche rücken, und die aus zwei horizontalen Flächen bestehende Basis $\{0 0 0 1\}$.

b) *Hexagonale Hemimorphie:* Die einfachen Formen ergeben sich als obere und untere Hälften der holoëdrischen; demnach sind die allgemeinsten Formen eine obere und untere (offene) dihexagonale Pyramide $\{h k \bar{i} l\}$ bezw. $\{h k \bar{i} \bar{l}\}$, die sich zu hexagonalen Pyramiden erster Art $\{1 0 \bar{1} 1\}$ bezw. $\{1 0 \bar{1} \bar{1}\}$ und zweiter Art $\{1 1 \bar{2} 1\}$ bezw. $\{1 1 \bar{2} \bar{1}\}$ spezialisieren können. Die Prismen haben den gleichen Umriß wie in der Holoëdrie, also dihexagonale Prismen $\{h k \bar{i} o\}$, Prismen erster Art $\{1 0 \bar{1} 1\}$ und zweiter Art $\{1 1 \bar{2} 1\}$. Die Basis besteht aus nur einer Fläche (obere Basis $\{0 0 0 1\}$, untere Basis $\{0 0 0 \bar{1}\}$).

δ) **Strukturen vom Sechsecktypus bei hinzutretender Spiegelungssymmetrie.**

Ebenso wie in dem früheren Systeme ergeben sich die einfachsten Strukturen mit Spiegelungssymmetrie dadurch, daß man den Formelementen selbst die betreffenden Symmetrieebenen beilegt, die komplizierteren durch Mitberücksichtigung der Gleitsymmetrie. Man erhält auf diese Weise für die pyramidale Hemiëdrie zwei Erklärungsweisen, bei denen man von den Hexagonalsäulen- und dreigängigen Sechspunkt-Schraubengitter auszugehen hat; für die Hemimorphie erhält man vier Erklärungsarten von den gleichen Fällen aus. Für die Holoëdrie existieren 4 Erklärungsarten.

10. Reguläres System.

α) **Polyëder mit alleiniger Drehungssymmetrie,**

1. *Plagiëdrische Hemiëdrie:* Zur Ableitung der Polyëder allgemeinster Art aus dem Würfel fasse man diesen als Aggregat dreier

gleichwertiger Paare von Quadraten auf; jedes Paar — bestehend aus parallelen Quadraten — kann man so behandeln, wie es im tetragonalen System zur Ableitung der trapezoëdrischen Hemiëdrie geschah. Man setze also auf die obere und untere horizontale Würfelfläche vierflächige Pyramiden auf, die zusammengefügt ein tetragonales Trapezoëder bilden würden, darauf drehe man den Würfel so, daß das Flächenpaar 0 1 0 und 0 $\bar{1}$ 0 die Stelle der Quadrate 0 0 1 und 0 0 $\bar{1}$ vertritt, und setze in genau der gleichen Weise Pyramiden auf; darauf drehe man den Würfel so, daß die anfänglichen Quadrate 1 0 0 und $\bar{1}$ 0 0 die Stelle der ursprünglichen Quadrate 0 0 1 und 0 0 $\bar{1}$ vertreten und setze wiederum in genau der gleichen Weise Pyramiden auf. So entsteht als allgemeinste Form dieser Gruppe ein 24-Flächner, den man als Pentagonikositetraëder bezeichnet.[1]) Die speziellen Formen, in welche er überzugehen vermag, haben den gleichen Umriß wie die speziellen Formen der regulären Holoëdrie, es sind das folgende: Ikositetraëder, Pyramidenoktaëder, Pyramidenwürfel, Rhombendodekaëder, Oktaëder, Würfel.

2. *Reguläre Tetartoëdrie:* Statt mit einer vierflächigen Pyramide kann man auch mit einem zweiflächigen „Keil" jede Würfelfläche überhöhen und im übrigen ebenso verfahren, wie eben für die Hemiëdrie beschrieben wurde; man gelangt so zu einem als tetraëdrisches Pentagondodekaëder bezeichneten Körper, der freilich nicht mehr die vierzähligen Achsen des Würfels, sondern an ihrer Stelle zweizählige Achsen besitzt. Spezielle Formen sind: 1. Das Pentagondodekaëder beim Parallelismus der Flächen mit einer Koordinatenachse (Symbol z. B. {1 2 0}). Wenn jede Fläche der Form zwei Achsen in gleichen Abschnitten schneidet, so sind zwei Fälle möglich: 2a. Deltoiddodekaëder (z. B. {2 2 1}), wenn die beiden gleichen Achsenabschnitte kleiner sind als der dritte, 2b. Triakistetraëder (z. B. {2 1 1}), wenn die beiden gleichen Abschnitte grösser sind als der dritte. 3. Rhombendodekaëder {1 1 0}. 4. Oktaëder {1 1 1}. 5. Würfel {1 0 0}. — Das tetraëdrische Pentagondodekaëder ist enantiomorph, die übrigen Formen aber nicht.

Die Gruppe kann auch vom Tetraëder abgeleitet werden und umfaßt dessen volle Drehungssymmetrie.

---

[1]) Ebenso wie das ihm zu Grunde liegende Trapezoëder ist auch diese reguläre Form enantiomorph.

β) Strukturen der reinen Drehungssymmetrie.[1]

(Reguläre Tetartoëdrie.)

Hexaëdrisches Gitter vom Symmetriegrad 12: Die Zentren der Formelemente bilden ein Bravaissches hexaëdrisches Gitter, die Symmetrie der Formelemente aber muß regulär - tetartoëdrisch sein; z. B. Tetraëder kann man als Formelemente annehmen oder tetraëdrische Pentagondodekaëder bezw. (nach Sohncke) Polfiguren derselben.

Oktaëdrisches Gitter vom Symmetriegrad 12: Dieses Gitter läßt sich aus dem oktaëdrischen Raumgitter Bravais' auf gleiche Weise ableiten, wie das vorige Gitter aus den hexaëdrischen, d. h. durch Umstellung der Gitterecken mit tetartoëdrischen Formen.

Rhombendodekaëdrisches Gitter vom Symmetriegrad 12: In diesem Falle ordnen sich die Zentren der Formelemente nach dem rhomben-dodekaëdrischen Gitter Bravais' zusammen, die Symmetrie der Form-elemente aber muß tetartoëdrisch sein, sie können — ebenso wie in beiden vorigen Fällen — die Form von Tetraëdern besitzen.

Reguläres zusammengesetztes Zweipunkt-Schraubengitter (Fall 57 nach Sohncke): Dieses Punktsystem leitet sich vom rhombischen Gegenschraubengitter ab und zwar sind drei Exemplare derselben so durcheinander zu stecken, daß die Achsen von je drei benachbarten zusammengesetzten Zweipunkt-Schrauben windschief in solcher gegen-seitigen Lage sich befinden, wie drei sich nicht schneidende paarweise zu einander senkrechte Kanten eines Würfels. Um dieser Bedingung zu genügen, müssen die Rhomben der Gegenschraubensysteme zu Quadraten spezialisiert werden. Es kommen bei dieser Durchdringung der Schraubensysteme zu den zweizähligen Achsen, deren Deckbe-wegungen die Gegenschraubensysteme einzeln in ihre Anfangslage zurückbefördern, noch dreizählige Achsen hinzu, durch deren Deckbe-wegungen die Gegenschraubensysteme miteinander vertauscht werden.

Reguläres abwechselndes Zweipunkt-Schraubengitter (Fall 58 nach Sohncke): Dieses Gitter setzt sich aus drei abwechselnden rechteckigen Zweipunkt-Schraubengittern zweiter Art zusammen, deren drei auf-

---

[1] Für das reguläre System sind Diagramme der Gitter nicht gezeichnet, da die frühere Art der Darstellung hier nicht genügt und da andererseits durch die vorigen Kapitel weitere Figuren schon entbehrlich gemacht sind. Denn teils können die regulären Fälle aus den Bravaisschen Gittern sofort abgeleitet werden, während der Rest als Durchdringung von nichtregulären Schraubungssystemen anschaulich erscheint.

einander senkrechte Achsenschaaren in der gleichen Weise wie beim vorigen System windschief einander durchsetzen. Dadurch kommen auch hier zu je drei aufeinander paarweise senkrechten zweizähligen Achsenrichtungen noch die für das kubische System erforderlichen vier Richtungen dreizähliger Achsen hinzu. Auf Bravaissche Raumgitter mit gleichen Deckbewegungen lassen sich die Punktsysteme 57 und 58 nur deshalb nicht spezialisieren, da die Formelemente alternieren.

Plagiëdrische Hemiëdrie.

Hexaëdrisches Gitter vom Symmetriegrad 24 (Fall 59 nach Sohncke). Die Ecken der drei kubischen Bravaisschen Gitter können auf zweierlei Weise mit außerhalb der Symmetrieachsen gelegenen materiellen Punkten so umstellt werden, daß die kubische Symmetrie nicht zerstört wird, aber die Symmetrieebenen beseitigt werden. Umgibt man sie mit den tetartoëdrischen Formen, so bleiben nur die Symmetrieachsen der teilflächigen kubischen Symmetriegruppen erhalten; zur Erklärung der vierzähligen Achsen genügt dieses aber nicht, denn es sind die drei paarweise aufeinander senkrechten Drehungsachsen der tetartoëdrischen Formen nur zweizählig. Umstellt man jedoch jede Ecke der kubischen Bravaisschen Gitter mit Pentagonikositetraëdern[1]), so läßt sich die Vierzähligkeit von je drei paarweise aufeinander senkrecht sich durchschneidenden Symmetrieachsen des Gitters aufrecht erhalten. Der vorliegende Fall leitet sich aus dem hexaëdrischen Gitter (Modell 12) durch Einfügung kongruenter Figuren vom Symmetriegrad 24 ab.

Oktaëdrisches Gitter vom Symmetriegrad 24 (Fall 60 nach Sohncke). Dieses Punktsystem entsteht dadurch, daß die Ecken des oktaëdrischen Bravaisschen Gitters (Modell 14) zur Beseitigung der Symmetrieebenen mit Pentagonikositetraëdern[1]) umstellt werden. Es existieren alsdann drei Richtungen vierzähliger Achsen parallel denen des Raumgitters, wie ja auch die einzelne Form die vollen Deckbewegungen der Holoëdrie — insbesondere also drei vierzählige Achsen — besitzt. Ferner existieren sechs weitere Richtungen zweizähliger und vier Richtungen dreizähliger Achsen.

Rhombendodekaëdrisches Gitter vom Symmetriegrad 24 (Fall 61 nach Sohncke). Zur Erzeugung dieses Punktsystems wird mit dem rhombendodekaëdrischen Gitter (Modell 13) ebenso verfahren, wie mit den beiden anderen kubischen Gittern in den beiden vorigen Fällen.

---

[1]) Oder gleichsymmetrischen Formen, die auch Kombinationen oder Kugeln mit Felderteilung von plagiëdrischer Symmetrie sein können.

In den bisherigen Punktsystemen (Fall 59, 60, 61) werden sämtliche Drehungsachsen der holoëdrischen Kristallsymmetrie durch Drehungsachsen der zugehörigen Punktsysteme erklärt; es existieren jedoch fünf weitere Fälle (62—66), in denen ein Teil dieser Drehungsachsen durch Schraubungsachsen der Punktsysteme wiedergegeben wird, so daß dieselben nicht direkt mit gleichsymmetrischen Bravais-schen Raumgittern in Verbindung gebracht werden können.

Reguläres Gegenschraubensystem erster Art (Fall 62 nach Sohncke). Dieses Punktsystem entsteht aus dem vierzähligen zusammengesetzten Gegenschraubensystem, sofern drei Exemplare eines solchen längs drei paarweise aufeinander senkrechten Richtungen sich so durchdringen, daß sie sich bei dreizähligen Drehungen zyklisch miteinander vertauschen, und zwar müssen diese dreizähligen Achsen von je vier Diagonalen derjenigen Würfel gebildet werden, welche zwischen je drei benachbarten windschief gegeneinander gelegenen vierzähligen Achsen als Würfelkanten konstruiert werden können. In den Ebenen (1 0 0), (0 1 0), (0 0 1) der drei Teilsysteme müssen die Punktverteilungen kongruent und die Gegenschraubensysteme dementsprechend spezialisiert sein.

Reguläres Gegenschraubengitter zweiter Art (Fall 63 nach Sohncke). Die soeben (Fall 62) erwähnte Vereinigung dreier vierzähliger zusammengesetzter Gegenschraubensysteme zu einem kubischen Punktsystem kann auf zweierlei Weise vollzogen werden; wir beachten hierfür, daß bei diesem tetragonalen Punktsystem — genau so wie bei einem tetragonalen Kristall — die Prismenflächen erster Art (1 1 0) auch als Prismenflächen zweiter Art (1 0 0) aufgefaßt werden können (indem nur die Anfangslage um 45⁰ gegen die ursprüngliche ver ändert zu werden braucht) und erkennen, daß zu der Möglichkeit, in den Ebenen (1 0 0) und (0 1 0) die Punktverteilungen so zu spezialisieren, daß sie der Punktverteilung in der Basis (0 0 1) gleich werden, noch eine zweite Möglichkeit hinzukommt: es können in den Ebenen (1 1 0) und (1 $\overline{1}$ 0) die Punktverteilungen kongruent mit den längs der Basis (0 0 1) vorhandenen gemacht werden. Die erste Möglichkeit führte zu Fall 62, die zweite liefert den jetzigen Fall.

Reguläres zweigängiges Vierpunkt-Schraubengitter (Fall 64 nach Sohncke): Dieses Gitter kann als Vereinigung von drei zweigängigen zusammengesetzten Vierpunkt-Schraubensystemen definiert werden. Nur längs den Flächen (1 1 0) nebst (1 $\overline{1}$ 0) können die Punktverteilungen zur Kongruenz mit den längs (0 0 1) vorhandenen gebracht werden.

Die bei dem Gegenschraubensystem zu Fall 62 führende Möglichkeit (100) und (010) zu spezialisieren, hat hier kein Analogon. Im übrigen ist die Ineinanderstellung der Teilsysteme ebenso wie in den vorigen Fällen auszuführen.

Rechtes bezw. linkes reguläres Vierpunkt-Schraubengitter (Fall 65—66 nach Sohncke): Diese Gitter leiten sich von dem rechten bezw. linken abwechselnden Vierpunkt-Schraubengitter ab, von welchem drei kongruente und hinsichtlich ihrer Punktverteilungen längs den Würfelflächen kubisch spezialisierte Exemplare zum Durchdringen gebracht werden müssen. Sämtliche Hauptachsen sind von Vierpunkt-Schrauben umstellt. Die drei Teilsysteme vertauschen sich zyklisch, wenn um die Würfeldiagonalen Drehungen vom Betrage 120^0 ausgeführt werden. Die Gitter sind zur Erklärung der enantiomorphen Kristalle mit der höchsten Symmetrie, z. B. der Salmiakkristalle, gut geeignet.

γ) Polyëder mit hinzutretender Spiegelungs-symmetrie.

In den früheren Systemen unterschieden wir zwei Arten von Symmetrieebenen bei den zu Grunde gelegten n-Ecken: 1. Symmetrieebenen, die parallel der n-Ecksfläche selbst lagen (d. h. horizontal) und solche, die außerhalb der n-Ecksfläche lagen (vertikal). Ein analoger Unterschied besteht beim Würfel: er besitzt außer den drei Symmetrieebenen, welche seinen Flächen gleichgerichtet sind ((100), (010), (001)) noch eine außerhalb seiner Flächen liegende Art von 6 Symmetrieebenen. Ein Paar derselben (110), (1$\overline{1}$0) steht vertikal und geht durch die c-Achse, sowie durch die Diagonalen der horizontalen Würfelflächen; das zweite Paar (101), (10$\overline{1}$) liegt analog zu der b-Achse, das dritte Paar (011), (0$\overline{1}$1) analog zu der a-Achse. Daher kann man entweder die eine Art von drei oder die andere Art von sechs Symmetrieebenen oder endlich das Symmetriezentrum zur Drehungssymmetrie des Würfels hinzunehmen. Jedoch führen diese drei Erweiterungen zum gleichen Resultat, wenn wir sie zur vollen Drehungssymmetrie des Würfels hinzufügen, wir erhalten dann in allen drei Fällen die Holoëdrie.

Wenn indessen von der Drehungssymmetrie um die drei Hauptachsen allein ausgegangen wird, d. h. von der regulären Tetartoëdrie, so gelangen wir zu zwei neuen Gruppen. Die erste — pentagonale

Hemiëdrie genannt — kann entweder durch Hinzunahme des Symmetriezentrums erzeugen, oder durch Hinzunahme der Spiegelungssymmetrie parallel den Würfelflächen; beides kommt auf das Gleiche hinaus. Werden jedoch die außerhalb der Würfelflächen liegenden Symmetrieebenen hinzugenommen, so bedeudet dieses, daß der Symmetrie des Tetraëders genügt, denn wird ein Tetraëder so aufgestellt, wie es bei Besprechung der tetragonal-sphenoidischen Gruppen angegeben wurde (vergl. Seite 61, Anmerk.), so sind die sechs durch seinen Mittelpunkt gehenden Ebenen, welche parallel $(1\,1\,0)$, $(1\,\bar{1}\,0)$, $(1\,0\,1)$, $(1\,0\,\bar{1})$, $(0\,1\,1)$, $(0\,1\,\bar{1})$ laufen, Symmetrieebenen des Tetraëders. Die Gruppe besitzt also die Gesamtsymmetrie des Tetraëders und heißt tetraëdrische Hemiëdrie, aber sie besitzt kein Symmetriezentrum. Die Ableitung der Symmetrie sei noch durch eine Tabelle veranschaulicht, alsdann besprechen wir die einfachen Formen über:

Es entsteht aus der vollen Drehungssymmetrie des Würfels, d. h. aus der	durch Hinzunahme von		
	Symmetriezentrum	Symmetrieebenen	
		parallel den Würfelflächen	außerhalb der Würfelflächen
Plagiëdrischen Hemiëdrie . .	die reguläre Holoëdrie		
aus der Drehungssymmetrie um die Hauptachsen allein . .	die pentagonale Hemiëdrie		die tetraëdr. Hemiëdrie

Reguläre tetraëdrische Hemiëdrie: Die allgemeinste einfache Form bildet man am einfachsten aus einem Tetraëder durch Brechung der Flächen, indem jede Fläche längs den Höhenlinien in sechs Teilflächen, die im Flächenschwerpunkt aneinanderstoßen, zerlegt wird. So entsteht das „Hexakistetraëder" $\{h\,k\,l\}$. Spezielle Formen mit 12 Flächen sind das Triakistetraëder $\{1\,1\,1\}$, Deltoiddodekaëder $\{1\,1\,1\}$.[1] Bei jenem fallen je zwei sich zu einem gleichschenkligen Dreieck ergänzende angrenzende Flächen des 24-Flächners, in ein Niveau; beim Deltoiddodekaëder aber fallen je zwei sich zu einem Viereck (Deltoid) ergänzende angrenzende Flächen des Hexakistetraëders in das gleiche Niveau. Ferner sind Rhombendodekaëder $\{1\,1\,0\}$, Würfel $\{1\,0\,0\}$, Tetraëder $\{1\,1\,1\}$, Pyramidenwürfel $\{h\,k\,o\}$ möglich.

Reguläre pentagonale Hemiëdrie: Die allgemeinste Form entsteht, wenn wir alle drei Flächenpaare des Würfels in der gleichen Weise brechen, wie wir es zur Gewinnung des tetragonalen Skalenoëders mit

---

[1] In beiden Fällen ist l größer als 1. Die Formen stehen im gleichen Verhältnis zueinander wie in der Holoëdrie das Ikositetraëder und Triakisoktaëder, deren Halbflächner sie sind.

einem Flächenpaar (Quadrat-Gegenquadrat) ausführten. Es kann also die allgemeinste Form — das Dyakisdodekaëder — als Durchdringung dreier kongruenter tetragonaler Skalenoëder angesehen werden, deren Hauptachsen paarweise senkrecht zueinander stehen und mit der a-, b- und c - Achse zusammenfallen. Die Ähnlichkeit rührt davon her, daß jede dieser Achsen zweizählig ist und durch sie zwei aufeinander senkrechte Symmetrieebenen hindurchgehen, wie bei der tetragonalen trapezoëdrischen Hemiëdrie. Spezielle Formen des Dyakisdodekaëders sind: das Ikositetraëder, ferner das Pentagondodekaëder (als Durchdringung dreier kongruenter tetragonaler Doppelsphenoide auffaßbar), das Rhombendodekaëder, das Oktaëder und der Würfel.

δ) Strukturen mit hinzutretender Spiegelungssymmetrie.

Die einfachsten Fälle gewinnt man dadurch, daß die Ecken der regulären Raumgitter mit Formen von der entsprechenden Symmetrie umstellt werden, für die tetraëdrische Hemiëdrie kommen jedoch auch Fälle mit Gleitsymmetrie in Betracht. Die Anzahl der verschiedenen Möglichkeiten wäre folgende: Für die pentagonale Hemiëdrie sieben Fälle, für die tetraëdrische Hemiëdrie sechs Fälle und für die Holoëdrie zehn Fälle.

Schlußbemerkung.

Zum Schluß sei noch auf die Frage hingewiesen, ob die rechten und linken Schraubengitter als ebenso verschieden voneinander wie die übrigen verschieden benannten Gitterarten zu betrachten sind, oder ob vielleicht die rechten und linken Kristalle der gleichen chemischen Substanz nach den beiden enantiomorphen Gittern sich aufbauen. Nach Beobachtungen von Copaux vermutet der Verfasser[1]), daß dieses nicht der Fall ist, daß vielmehr eine Substanz stets nur entweder nach rechten oder nach linken Gittern ihre Struktur aufzubauen vermag. Es wären dann also die rechten und linken Gitter stets scharf voneinander zu trennen.

---

[1]) E. Sommerfeldt, Tschermaks mineralogische Mitteilungen, 1911 (noch im Druck befindlich).

ANHANG

A. Zusammenstellung der 32 Symmetriegruppen.

	Hinzu kommt zur Symmetrie von 1 bezw. 2		
	Symmetrie-zentrum	Symmetrieebenen parallel den Flächen der Grundfigur	Symmetrieebenen außerhalb der Flächen der Grundfigur

I. Reguläres System. Grundfigur der Würfel.

1. Volle Drehungssymmetrie = Plagiëdrische Hemiëdrie . .	3. Reguläre Holoëdrie		
2. Drehungssymmetrie um die Hauptachsen allein = Tetartoëdrie	4. Pentagonale Hemiëdrie		5. Tetraëdr. Hemiëdrie

II. Hexagonales System. a) Grundfigur das Sechseck.

1. Volle Drehungssymmetrie = Hexagonale trapezoëdrische Hemiëdrie	3. Hexagonale Holoëdrie		
2. Drehungssymmetrie um die Hauptachse allein = Hexagonale Tetartomorphie. . .	4. Pyramidale Hemiëdrie		5. Hemi-morphie

b) Grundfigur das Dreieck (Trigonale Unterabteilung).

1. Volle Drehungssymmetrie = Hexagonale trapezoëdrische Tetartoëdrie.	3. Rhomboëdr. Hemiëdrie	4. Trigonale Hemiëdrie	
2. Um die Hauptachse allein = Hexagonale Ogdoëdrie . .	5. Rhomboëdr. Tetartoëdrie	Trigonale Tetartoëdrie	Trigonale Tetartomorph.

III. Tetragonales System. a) Grundfigur das eigentliche Quadrat.

1. Volle Drehungssymmetrie = Tetragonale trapezoëdrische Hemiëdrie	3. Tetragonale Holoëdrie		
2. Um die Hauptachse allein = Tetragonale Tetartomorphie .	4. Tetragonale pyramidale Hemiëdrie		5. Tetragonale Hemimorphie

b) Grundfigur das sphenoidisch behandelte Quadrat (sphenoidische Unterabteilung).

1. Symmetrie um die Hauptachse = Tetragonale sphenoidische Tetartoëdrie.	—	—	2. Tetragonale sphenoidische Hemiëdrie

IV. Rhombisches, z. T. auch monoklines System. Grundfigur Rhombus.

1. Volle Drehungssymmetrie = Rhombische Hemiëdrie . .	2. Rhombische Holoëdrie		
I. Hauptachse allein = Monokline Hemimorphie	II. Monokline Holoëdrie		3. Rhombische Hemimorphie

V. Vereinzelte Symmetrie.

1. Eine einzige Symmetrieebene = Monokline Hemiëdrie (Monokliner Fall).
2. Symmetriezentrum allein . . = Trikline Holoëdrie.
3. Symmetrieloser Fall . . . . = Trikline Hemiëdrie.

B. Erklärung der Modelle und Diagramme.

Die vierzehn stereoskopischen Abbildungen enthalten außer den Raumgittern selbst noch diejenigen Formen, welche durch Verbinduug benachbarter Gitterecken entstehen. Diese „Grundkörper" wurden ebenfalls schon von Bravais eingeführt. Mit ihnen stehen auch die Verbindungslinien (meist durch zwei benachbarte Parallelen wiedergegeben), welche in die Diagramme des zweiten Teils eingezeichnet sind im Zusammenhang.

Diese Diagramme stellen Projektionen in einer zu den Hauptachsen senkrechten Gitterebene dar. Die Gitterkanten, welche die Formelemente tragen, sind in die Projektionsebene umgeklappt gedacht, so daß z. B. in Fig. 36 alle gestrichelten Linien senkrecht zur Zeichnungsebene aufzurichten sind, um das Raumgitter zu erzeugen; mit den „Stäbchen" ist hierbei aber keine Drehung, sondern nur eine Parallelverschiebung auszuführen, sie erscheinen also unter den richtigen Winkeln in den Diagrammen. Nach der Aufrichtung stellt Fig. 36 vier horizontale Schichten der Gitter dar, die unterste Schicht enthält die durch arabische Ziffern bezeichneten Stäbchen, die nächste die durch kleine lateinische Buchstaben bezeichnete usw.

Gehen Drehungsachsen durch die Stäbchen, so sind diese zentral um die Achsen (z. B. in Fig. 8) gezeichnet, bei Schraubungsachsen aber nur einseitig. Wenn die eingezeichneten Verbindungspolygone der Achsen unsymmetrisch von den Stäbchen bezw. Formelementen durchschnitten werden, so liegen keine horizontalen Achsen vor, durch symmetrische relative Lage jener sind die horizontalen Achsen erkennbar.

Zur stereoskopischen Betrachtung der vierzehn Bravaisschen Raumgitterabbildungen benutze man ein sogenanntes amerikanisches Stereoskop; d. h. ein solches, bei welchem der Zwischenraum zwischen Linsen und Bildträger offen ist. An Stelle des Bildträgers benutze man aber das Buch selbst, indem man es rechtwinklig aufklappt; es findet die nicht zu betrachtende Seite des Buches in dem genannten offenen Zwischenraum Platz.